MÉMORIAL

DES

SCIENCES PHYSIQUES

PUBLIÉ SOUS LE PATRONAGE DE

L'ACADÉMIE DES SCIENCES DE PARIS

DES ACADÉMIES DE BELGRADE, BRUXELLES, BUCAREST, COÏMBRE, CRACOVIE, KIEW,
MADRID, PRAGUE, ROME, STOCKHOLM (FONDATION MITTAG-LEFFLER),
AVEC LA COLLABORATION DE NOMBREUX SAVANTS.

DIRECTEURS :

Henri VILLAT et Jean VILLEY

FASCICULE XII

Les ondes séismiques et leur propagation

Par M. E. ROTHÉ

Doyen de la Faculté des Sciences de Strasbourg,
Directeur de l'Institut de Physique du Globe,
Directeur du Bureau Central International de Séismologie.

PARIS

GAUTHIER-VILLARS ET Cⁱᵉ, ÉDITEURS

LIBRAIRES DU BUREAU DES LONGITUDES, DE L'ÉCOLE POLYTECHNIQUE

Quai des Grands-Augustins, 55

1930

Mémorial
des Sciences Mathématiques

DIRECTEUR : Henri VILLAT
Correspondant de l'Académie des Sciences,
Professeur à la Sorbonne,
Directeur du " Journal de Mathématiques pures et appliquées "

Volumes in-8 raisin (25×16) se vendant séparément 15 francs

Fascicules parus :

Nombreux fascicules en preparation. Consulter la Notice spéciale.

MÉMORIAL

DES

SCIENCES PHYSIQUES

AVERTISSEMENT

La Bibliographie est placée à la fin du fascicule, immédiatement avant la Table des Matières.

Les numéros en caractères gras, figurant entre crochets dans le courant du texte, renvoient à cette Bibliographie.

MÉMORIAL

DES

SCIENCES PHYSIQUES

PUBLIÉ SOUS LE PATRONAGE DE

L'ACADÉMIE DES SCIENCES DE PARIS

DES ACADÉMIES DE BELGRADE, BRUXELLES, BUCAREST, COÏMBRE, CRACOVIE, KIEW,
MADRID. PRAGUE, ROME, STOCKHOLM (FONDATION MITTAG-LEFFLER),
AVEC LA COLLABORATION DE NOMBREUX SAVANTS.

DIRECTEURS :

Henri VILLAT et Jean VILLEY

FASCICULE XII

Les ondes séismiques et leur propagation

PAR M. E. ROTHÉ

Doyen de la Faculté des Sciences de Strasbourg,
Directeur de l'Institut de Physique du Globe,
Directeur du Bureau Central International de Séismologie.

PARIS

GAUTHIER-VILLARS ET Cie, ÉDITEURS

LIBRAIRES DU BUREAU DES LONGITUDES, DE L'ÉCOLE POLYTECHNIQUE
Quai des Grands-Augustins, 55

1930

PARIS. — IMPRIMERIE GAUTHIER-VILLARS ET Cie
87720-30.   Quai des Grands-Augustins, 55.

LES ONDES SÉISMIQUES

ET

LEUR PROPAGATION

Par M. E. ROTHÉ,

Doyen de la Faculté des Sciences de Strasbourg,
Directeur de l'Institut de Physique du Globe,
Directeur du Bureau Central International de Séismologie.

INTRODUCTION.

1. La constitution du globe. — Le globe terrestre est *hétérogène* : *l'écorce solide* est formée de couches dont l'élasticité varie depuis celle des calcaires jusqu'à celle des granites et des basaltes. On simplifie considérablement la question en supposant d'une manière générale l'écorce formée de deux couches principales que nous dénommerons d'après Suess [29] *Sial* (Silicium-Aluminium) et *Sima* (Silicium-Magnésium). D'après une hypothèse introduite par Wegener [30], les roches acides du Sial constitueraient en majeure partie le sous-sol des continents et flotteraient sur le Sima, couche sous-jacente de nature basique, comme les basaltes, et affleurant au fond même des Océans.

Au-dessous de l'écorce solide se trouve un *magma*, plus ou moins visqueux, dont la surface de contact avec l'écorce peut être plus ou moins accidentée. Des hypothèses diverses ont successivement été avancées sur la constitution de ce noyau interne. Mais, quoi qu'il en soit, il doit exister entre l'écorce et le noyau toute une série de couches dont la fluidité est différente.

Un ébranlement produit en un point quelconque de l'intérieur du globe donnera naissance, dans chaque cas particulier, à des ondes élastiques dont la propagation ne se fera pas toujours identiquement de la même manière, ni avec la même vitesse dans les diverses directions. Chaque phénomène séismique a en quelque sorte son individualité et c'est à l'observation seule de montrer dans quelle mesure intervient l'hétérogénéité interne ou dans quels cas il est possible d'en faire abstraction.

Je crois indispensable d'insister avec force sur les difficultés que présente le *côté physique* de la séismologie et que l'on néglige trop souvent.

Mais il serait impossible d'aborder un problème aussi complexe au *point de vue mathématique* si l'on n'introduisait des hypothèses qui en simplifient la solution. C'est ainsi qu'on admet, en première approximation, que *le globe est formé d'une matière isotrope et de couches concentriques dont la densité augmente avec la profondeur.*

2. **Notions classiques sur l'élasticité des corps solides.** — Il sera constamment fait appel dans ce Mémoire à la théorie de l'élasticité. Je renverrai les lecteurs aux exposés classiques [3, 12, 13], pour la définition des tensions

$$X_x = N_1, \qquad Y_y = N_2, \qquad Z_z = N_3;$$
$$Y_z = Z_y = T_1, \qquad Z_x = X_z = T_2, \qquad X_y = Y_x = T_3,$$

du module de traction E (Young), du module de contraction σ (Poisson), des coefficients λ et μ (Lamé).

On démontre les relations suivantes entre les tensions élastiques et les déformations U, (u, v, w) :

$$(1) \quad \begin{cases} N_1 = \lambda \operatorname{Div} U + 2\mu \dfrac{\delta u}{\delta x}, \\[2mm] N_2 = \lambda \operatorname{Div} U + 2\mu \dfrac{\delta v}{\delta y}, \\[2mm] N_3 = \lambda \operatorname{Div} U + 2\mu \dfrac{\delta w}{\delta z}; \end{cases}$$

$$(2) \quad \begin{cases} T_1 = \mu \left(\dfrac{\delta w}{\delta y} + \dfrac{\delta v}{\delta z} \right), \\[2mm] T_2 = \mu \left(\dfrac{\delta u}{\delta z} + \dfrac{\delta w}{\delta x} \right), \\[2mm] T_3 = \mu \left(\dfrac{\delta v}{\delta x} + \dfrac{\delta u}{\delta y} \right). \end{cases}$$

La théorie de l'élasticité permet de distinguer entre les « compressions ou dilatations » et les « distorsions ou cisaillements ».

CHAPITRE I.

PROPAGATION DES OSCILLATIONS ÉLASTIQUES.

3. Équations du mouvement. — Pour les applications de la séismologie, on peut *en première approximation* négliger les forces de pesanteur, forces intérieures très petites par rapport aux tensions élastiques.

Pour simplifier l'écriture, on pose avec Galitzine $\Theta = \mathrm{Div}\,\mathrm{U}$; on représente la Laplacienne de u par le symbole Δu et l'on écrit les équations générales du mouvement sous la forme connue

$$(3)\qquad
\begin{cases}
\rho\,\dfrac{\partial^2 u}{\partial t^2} = (\lambda + \mu)\,\dfrac{\partial\Theta}{\partial x} + \mu\,\Delta u,\\[2ex]
\rho\,\dfrac{\partial^2 v}{\partial t^2} = (\lambda + \mu)\,\dfrac{\partial\Theta}{\partial y} + \mu\,\Delta v.\\[2ex]
\rho\,\dfrac{\partial^2 w}{\partial t^2} = (\lambda + \mu)\,\dfrac{\partial\Theta}{\partial z} + \mu\,\Delta w.
\end{cases}$$

Mais on peut écrire aussi

$$\rho\,\frac{\partial^2 u}{\partial t^2} = (\lambda + 2\mu)\,\frac{\partial\Theta}{\partial x} - \mu\,\Delta u - \mu\,\frac{\partial\Theta}{\partial x},$$

$$\rho\,\frac{\partial^2 u}{\partial t^2} = (\lambda + 2\mu)\,\frac{\partial\Theta}{\partial x} + \mu\left(\frac{\partial^2 u}{\partial x^2} - \frac{\partial^2 u}{\partial y^2} - \frac{\partial^2 u}{\partial z^2} - \frac{\partial^2 u}{\partial x^2} - \frac{\partial^2 v}{\partial x\,\partial y} - \frac{\partial^2 w}{\partial x\,\partial z}\right),$$

$$\rho\,\frac{\partial^2 u}{\partial t^2} = (\lambda + 2\mu)\,\frac{\partial\Theta}{\partial x} - \mu\left[\frac{\partial}{\partial y}\left(\frac{\partial v}{\partial x} - \frac{\partial u}{\partial y}\right) - \frac{\partial}{\partial z}\left(\frac{\partial w}{\partial x} - \frac{\partial u}{\partial z}\right)\right],$$

et les deux équations analogues

$$\rho\,\frac{\partial^2 v}{\partial t^2} = (\lambda + 2\mu)\,\frac{\partial\Theta}{\partial y} - \mu\left[\frac{\partial}{\partial z}\left(\frac{\partial w}{\partial y} - \frac{\partial v}{\partial z}\right) - \frac{\partial}{\partial x}\left(\frac{\partial u}{\partial y} - \frac{\partial v}{\partial x}\right)\right],$$

$$\rho\,\frac{\partial^2 w}{\partial t^2} = (\lambda + 2\mu)\,\frac{\partial\Theta}{\partial z} - \mu\left[\frac{\partial}{\partial x}\left(\frac{\partial u}{\partial z} - \frac{\partial w}{\partial x}\right) - \frac{\partial}{\partial y}\left(\frac{\partial v}{\partial z} - \frac{\partial w}{\partial y}\right)\right].$$

Wiechert pose

$$\mathbf{a}^2 - 2\,\mathbf{b}^2 = \lambda, \qquad \mathbf{b}^2 = \mu$$

d'où

$$a^2 = \lambda + 2\mu.$$

D'où

$$\frac{\delta^2 u}{\delta t^2} = \frac{a^2}{\rho}\,\frac{\delta}{\delta x}\,\mathrm{Div}\,U - \frac{b^2}{\rho}\left[\frac{\delta}{\delta y}\left(\frac{\delta v}{\delta x} - \frac{\delta u}{\delta y}\right) - \frac{\delta}{\delta z}\left(\frac{\delta w}{\delta x} - \frac{\delta u}{\delta z}\right)\right].$$

Si l'on adopte la notation vectorielle, on appelle gradient d'une fonction f en coordonnées rectilignes un vecteur tel que

$$\mathfrak{v}_x = \frac{\delta f}{\delta x}, \qquad \mathfrak{v}_y = \frac{\delta f}{\delta y}, \qquad \mathfrak{v}_z = \frac{\delta f}{\delta z},$$

et l'on appelle « curl » ou « rotation » ou « version » un vecteur tel que

$$\mathfrak{v}'_x = \frac{\delta \mathfrak{v}_z}{\delta y} - \frac{\delta \mathfrak{v}_y}{\delta z}, \qquad \mathfrak{v}'_y = \frac{\delta \mathfrak{v}_x}{\delta z} - \frac{\delta \mathfrak{v}_z}{\delta x}, \qquad \mathfrak{v}'_z = \frac{\delta \mathfrak{v}_y}{\delta x} - \frac{\delta \mathfrak{v}_x}{\delta y},$$

On est ainsi conduit par l'équation précédente à l'égalité

$$(4) \qquad \frac{d^2 U}{dt^2} = \frac{a^2}{\rho}\,\mathrm{grad}\,\mathrm{Div}\,U - \frac{b^2}{\rho}\,\mathrm{curl}\,\mathrm{curl}\,U.$$

D'après cette égalité Wiechert [31] conclut qu'il y a deux mouvements ondulatoires qui se propagent indépendamment l'un de l'autre de telle manière que la perturbation U est la somme de deux autres U_1 et U_2.

La première propagation est régie par l'égalité

$$(4\ bis) \qquad \frac{d^2 U}{dt^2} = \frac{a^2}{\rho}\,\mathrm{grad}\,\mathrm{div}\,U_1 \quad (I) \qquad \text{avec } \mathrm{curl}\,U_1 = 0 \quad (I'),$$

la seconde par les égalités

$$(4\ ter) \qquad \frac{d^2 U}{dt^2} = -\frac{b^2}{\rho}\,\mathrm{curl}\,\mathrm{curl}\,U_2 \quad (II) \qquad \text{avec } \mathrm{div}\,U_2 = 0 \quad (I'').$$

L'indépendance des deux mouvements est assurée par le fait que les deux équations (I) et (II) entraînent I' et I'' (de 4 bis et 4 ter).

Le mouvement U_1 peut être désigné sous le nom *d'ondes de condensation*, car seul il correspond à une *variation de volume* qui n'existe pas dans U_2. Le mouvement U_2 sera désigné sous le nom *d'onde de cisaillement* parce que dans ce mouvement n'intervient que le module d'élasticité de *cisaillement*.

Écrire $\mathrm{curl}\,U_1 = 0$, c'est dire que U_1 dérive d'un potentiel Φ tel que $U_1 = - \operatorname{grad} \Phi$ et l'équation (1) peut prendre la forme

$$\frac{d^2 \Phi}{dt^2} = \frac{a^2}{\rho} \operatorname{div} \operatorname{grad} \Phi.$$

On peut modifier le symbole div grad en le remplaçant par la Laplacienne $\Delta \Phi$, d'où

$$\frac{d^2 \Phi}{dt^2} = \frac{a^2}{\rho} \Delta \Phi.$$

Cette relation exprime que la propagation des ondes élastiques de première espèce se fait avec la vitesse

$$(5) \qquad \frac{a}{\sqrt{\rho}} = a \qquad \text{ou} \qquad a = \sqrt{\frac{\lambda - 2\mu}{\rho}}.$$

L'équation (II) peut aussi être mise sous une forme analogue à la précédente. En effet, il suffit de remarquer que $\operatorname{div} U_2$ étant nulle, le second membre de l'équation qui est de la forme

$$\frac{b^2}{\rho} \Delta U_2 - \frac{b^2}{\rho} \operatorname{grad} \operatorname{div} U_2$$

se réduit à $\dfrac{b^2}{\rho}$, d'où

$$\frac{d^2 U_2}{dt^2} = \frac{b^2}{\rho} \Delta U_2.$$

Donc les ondes élastiques de deuxième espèce se propagent avec la vitesse

$$(5 \, bis) \qquad \frac{b}{\sqrt{\rho}} = b \qquad \text{ou} \qquad b = \sqrt{\frac{\mu}{\rho}}.$$

D'après les études faites en optique, la relation $\operatorname{div} U_2 = 0$ prouve que les vibrations sont transversales.

En résumé il y a deux catégories d'ondes, celles qui correspondent à des *condensations* ou *dilatations* se propageant longitudinalement. et celles qui correspondent à des *cisaillements* ou *vibrations transversales* ou de *distorsion*.

Pour les premières la vitesse est $\sqrt{\dfrac{\lambda - 2\mu}{\rho}}$, pour les secondes $\sqrt{\dfrac{\mu}{\rho}}$.

Galitzine [3] présente le calcul d'une manière directe sans faire appel aux notations vectorielles de Wiechert. Il aboutit à l'équation

$$(6) \qquad \frac{\partial^2 \theta}{\partial t^2} = \frac{\lambda - 2\mu}{\rho} \Delta \theta$$

qui ne contient que la variable Θ (c'est-à-dire augmentation ou dimi-
nution de l'unité de volume suivant que Θ est $>$ ou $<$ o), équation
qui représente la propagation de la compression ou dilatation.

En posant

$$(7) \quad \left\{ \begin{aligned} \xi &= \frac{1}{2}\left[\frac{\delta w}{\delta y} - \frac{\delta v}{\delta z}\right], \\ \eta &= \frac{1}{2}\left[\frac{\delta u}{\delta z} - \frac{\delta w}{\delta x}\right], \\ \zeta &= \frac{1}{2}\left[\frac{\delta v}{\delta x} - \frac{\delta u}{\delta y}\right], \end{aligned} \right.$$

il obtient

$$(8) \quad \left\{ \begin{aligned} \frac{\delta^2 \xi}{\delta t^2} &= \frac{\mu}{\rho}\Delta\xi, \\ \frac{\delta^2 \eta}{\delta t^2} &= \frac{\mu}{\rho}\Delta\eta, \\ \frac{\delta^2 \zeta}{\delta t^2} &= \frac{\mu}{\rho}\Delta\zeta, \end{aligned} \right.$$

équations qui au facteur près sont de même nature que celles en Θ. Il
est facile d'établir que ξ, η, ζ ne sont autre chose que de petits angles
de rotation.

Ainsi, si l'équation (6) correspond bien à la propagation d'une
compression, le groupe (8) est relatif à la propagation d'une rotation
ou distorsion.

Le calcul est très simple, mais ne met pas immédiatement en évidence la coexistence des deux systèmes d'ondes; il les fait apparaître
séparément.

4. **Intégration des équations du mouvement.** — L'intégration des
équations générales

$$(6) \quad \frac{\delta^2\Theta}{\delta t^2} = \frac{\lambda + 2\mu}{\rho}\Delta\Theta$$

et des équations

$$(8) \quad \left\{ \begin{aligned} \frac{\delta^2\xi}{\delta t^2} &= \frac{\mu}{\rho}\Delta\xi, \\ \frac{\delta^2\eta}{\delta t^2} &= \frac{\mu}{\rho}\Delta\eta, \\ \frac{\delta^2\zeta}{\delta t^2} &= \frac{\mu}{\rho}\Delta\zeta \end{aligned} \right.$$

est aujourd'hui classique.

C'est S. D. Poisson [22] qui, en 1830, a montré qu'un corps homogène et isotrope de dimensions illimitées peut transmettre des ondes de deux vitesses différentes et que, à une grande distance du foyer de perturbation, le mouvement transmis par l'onde la plus rapide est longitudinal, c'est-à-dire que le déplacement est parallèle à la direction de propagation; le mouvement transmis par l'onde la plus lente est transversal, c'est-à-dire que le déplacement est à angle droit sur la direction de propagation.

La question est reprise plus tard par G. G. Stokes [28] qui précise encore et prouve que l'onde la plus rapide de vitesse

$$(5) \qquad a = \sqrt{\frac{\lambda - 2\mu}{\rho}}$$

est une onde de compression ou dilatation, *sans rotation*, tandis que l'onde la plus lente de vitesse

$$(5\ bis) \qquad b = \sqrt{\frac{\mu}{\rho}}$$

caractérise un mouvement de rotation différentiel des éléments du corps *sans changement de volume*. Stokes établit alors la manière dont les ondes surgissent lorsqu'une perturbation prend naissance dans un volume limité du solide; il décrit les phénomènes qui doivent se produire suivant la distance.

Si le déplacement s'effectue parallèlement à l'axe des x la quantité u varie, tandis que $v = 0$, $w = 0$, $\frac{\delta u}{\delta y} = 0$, $\frac{\delta u}{\delta z} = 0$. Θ se réduit à $\frac{\delta u}{\delta x}$, $\Delta \Theta$ à $\Delta \left(\frac{\delta u}{\delta x} \right)$, et l'équation générale se ramène à

$$(6\ bis) \qquad \frac{\delta^2 u}{\delta t^2} = \frac{\lambda - 2\mu}{\rho} \frac{\delta^2 u}{\delta x^2},$$

$$(5) \qquad \frac{\lambda - 2\mu}{\rho} = \frac{a^2}{\rho} = a^2,$$

ONDE PLANE. — I. *Condensation*. — Cette dernière équation se rapporte à la propagation d'une onde plane perpendiculaire à l'axe des x. Si le mouvement est partout le même et se développe avec la même intensité. l'élongation ne peut dépendre que du temps et de la valeur de x. On peut supposer avec Wiechert que l'onde entraîne les axes Ox_1, Oy_1, Oz_1 auxquels sont rapportés les déplacements u_1, v_1, w_1

(artifice utile pour la suite). Dans le cas actuel l'onde x se propageant suivant ox on a

$$x_1 = x, \qquad u = u_1, \qquad \rho = 0, \qquad w = 0,$$

u_1 est de la forme $u_1 = F\left(t - \dfrac{x_1}{a}\right)$ qui satisfait également aux équations de Wiechert

$$\frac{d^2 U}{dt^2} = a^2 \operatorname{grad} \operatorname{div} U \qquad \text{et} \qquad \operatorname{curl} U = 0 \qquad \text{pour } U = u.$$

F étant indéterminée, des ondes diverses peuvent satisfaire aux équations précédentes.

II. *Distorsion.* — On peut avoir des ondes planes avec des mouvements perpendiculaires à la direction de propagation. Soit encore une onde perpendiculaire à l'axe de x, plan de vibration où $u_1 = 0$ et où subsistent des composantes rectilignes, $\rho_1 w_1$. La vibration résultante est ainsi parallèle au plan $y_1 z_1$. Les vibrations considérées satisfont aux équations de Wiechert

$$\frac{d^2 U}{dt^2} = - b^2 \operatorname{curl} \operatorname{curl} U \qquad \operatorname{div} U = 0 \qquad \text{ou} \qquad \frac{d^2 U}{dt^2} = b^2 \Delta U;$$

et leur vitesse de propagation est $b = \sqrt{\dfrac{\mu}{\rho}}$. Les deux fonctions

$$\rho_1 = F_v\left(t - \frac{x_1}{b}\right), \qquad w_1 = F_w\left(t - \frac{x_1}{b}\right),$$

de forme quelconque, donnent alors le mouvement transversal par leur combinaison. On a ici

$$u_1 = 0,$$

$$\frac{\delta w_1}{\delta y} = 0, \qquad \frac{\delta w_1}{\delta z} = 0, \qquad \frac{\delta \rho_1}{\delta y} = 0, \qquad \frac{\delta \rho_1}{\delta z} = 0,$$

d'où

$$\xi_1 = 0, \qquad \eta_1 = - \frac{1}{2}\frac{\delta w_1}{\delta x_1}, \qquad \zeta_1 = \frac{1}{2}\frac{\delta \rho_1}{\delta x_1}$$

et

(8 *bis*)
$$\begin{cases} \dfrac{\delta^2 \eta}{\delta t^2} = \dfrac{\mu}{\rho}\Delta\eta & \text{conduit à} & \dfrac{\delta^2 w}{\delta t^2} = \dfrac{\mu}{\rho}\dfrac{\delta^2 w}{\delta x^2}, \\[2mm] \dfrac{\delta^2 \zeta}{\delta t^2} = \dfrac{\mu}{\rho}\Delta\zeta & \text{»} & \dfrac{\delta^2 \rho}{\delta t^2} = \dfrac{\mu}{\rho}\dfrac{\delta^2 \rho}{\delta x^2}. \end{cases}$$

Dans le cas de la polarisation rectiligne, le plan de polarisation est celui de l'axe des x et du déplacement.

On peut envisager le cas particulier où $v_1 = 0$ et où w_1 subsiste seul : la vibration est polarisée perpendiculairement à l'axe des y.

Vibrations sinusoïdales. — Dans le cas d'une vibration sinusoïdale, on a, en posant $x_1 = x$,

$$u = A \sin 2\pi \left(\frac{t}{T} - \frac{x}{\lambda} + \varphi \right),$$

$T = $ période; $N = \frac{1}{T}$ fréquence; $\lambda = $ longueur d'onde.

En développant on obtient

$$u = A \sin 2\pi \left(\frac{t}{T} - \frac{x_1}{\lambda} \right) \cos\varphi + A \cos 2\pi \left(\frac{t}{T} - \frac{x}{\lambda} \right) \sin\varphi.$$

On peut poser avec Wiechert

$$A \cos\varphi = S. \qquad A \sin\varphi = C.$$
$$\tan\varphi = \frac{C}{S}, \qquad A^2 = S^2 + C^2.$$

5. Ondes P et S et phases qui en dérivent. — Les ondes dont il vient d'être question sont celles qui se manifestent dans les premières parties des tremblements de terre. Ce sont d'abord les compressions ou condensations qui parviennent à une station. Une compression produit un mouvement initial de bas en haut, une dilatation un mouvement de haut en bas, manifesté par un séismographe destiné à l'inscription des mouvements verticaux. On désigne ces premières ondes par la lettre P, première lettre du mot *primæ*; leur amplitude et leur période sont généralement faibles.

Les ondes transversales ou de distorsion n'apparaissent qu'ensuite; on les désigne par la lettre S (*secundæ*); elles se distinguent des premières dans les inscriptions par une amplitude et une période différentes.

Les ondes P et les ondes S peuvent se réfléchir plusieurs fois à la surface de la terre (*voir* Chap. IV), donnant ainsi naissance à des phases réfléchies PR_1, PR_2. ..., SR_1, SR_2, ..., qui sont parfois très nettes dans certains séismogrammes [24]. Il y a en outre des phases complexes où les trajets sont partie en ondes P, partie en ondes S.

Enfin quelques *impetus* particuliers ont été interprétés par des hypothèses.

Ainsi dans les tremblements de terre *à foyers ou épicentres rapprochés*, on constate pour les distances comprises entre 3oo et 7oo^{km} une impulsion succédant aux P normaux, qu'on désigne par $\overline{P}$. Au-dessous de 3oo^{km} les $\overline{P}$ existent seuls; au delà de 7oo^{km} on ne les aperçoit plus. Il y a de même des $\overline{S}$ succédant aux S normales. A. Mohorovicic [17] explique ces faits ainsi que la présence de toute une nouvelle série de phases complexes par l'existence sous l'écorce, à une profondeur de 5o^{km} environ, d'une surface de discontinuité séparant deux couches distinctes et où les propriétés physiques se modifient brusquement. On admet que les vitesses de propagation des P et des S varient avec la distance au centre de la terre suivant la loi polytropique $v = \mathrm{V}\left(\dfrac{\mathrm{R}}{r}\right)^{\mathrm{K}}$.

La valeur de l'exposant K n'est pas la même au-dessus et au-dessous de la surface de discontinuité. Les ondes $\overline{P}$ qui ne se propagent que dans la couche supérieure avaient été appelées par Mohorovicic ondes individuelles. J'ai proposé le nom d'ondes à trajet continu [25], par opposition aux ondes à trajet discontinu, les ondes P normales, qui, elles, se réfractent sur la surface, passent à l'intérieur de la seconde couche, pour reparaître ensuite et émerger à la surface [17, 25]. Entre la surface externe de la terre *s* et cette surface interne *i* se produisent une série de réflexions et de réfractions successives qui donnent lieu aux phases dénommées $\overline{R_i P}$, $\overline{R_i S}$, $\overline{R_i PS}$, $\overline{R_i^2 P}$, $\overline{R_i^2 P_3 S}$, $\overline{R_i^2 P_2 S_2}$, etc., $\overline{R_s P}$, $\overline{R_s P_2 S}$, $\overline{R_s^2 P}$, $\overline{R_s^2 P_s S}$, etc., notations claires par elles-mêmes et dont on trouvera l'explication dans les Mémoires cités ci-dessus.

A. Mohorovicic a calculé des tables donnant les durées de trajet de ces diverses sortes d'ondes pour des hypocentres ou foyers de profondeurs diverses [18].

Pour les tremblements de terre éloignés, d'autres phases s'interprètent dans l'hypothèse de B. Gutenberg [7]. Après les travaux de Wiechert et Zoeppritz [3], Zoeppritz et L. Geiger [33], L. Geiger et B. Gutenberg [6, 34], il établit en 1914 [7], et vérifia encore ultérieurement, qu'à 2900^{km} de profondeur la vitesse de propagation des ondes diminue subitement; cet auteur mit en évidence l'impetus d'ondes qui auraient été réfractées à l'intérieur d'un noyau de cons-

titution spéciale, possédant une certaine fluidité. Déjà en 1906,
R. D. Oldham avait émis l'opinion que le noyau central de la terre
possède une rigidité trop faible pour qu'il soit le siège d'une propagation d'ondes transversales [20]. C'est donc encore une surface de
discontinuité qui explique ces impetus particuliers. Les ondes par-
venant, après réfraction, à la région opposée à l'épicentre, ont été
désignées par Gutenberg par le symbole c (cor, noyau). Par exemple,
celles qui ont traversé la partie périphérique (premier passage) sous
forme de P, le noyau ou cor sous forme de P, et puis de nouveau la
partie périphérique (deuxième passage) sous forme de S, sont désignées par le symbole $P_c P_c S$. Il y a de même des $S_c P_c S$, $P_c S_c S$, etc.
Ces vues ont reçu une sorte de confirmation expérimentale dans les
observations récemment publiées par M. Akituné Imamura [8].

CHAPITRE II.

THÉORIE DE RAYLEIGH. ONDES SUPERFICIELLES.

6. **Historique des travaux géophysico-mathématiques.** — Si la
séismologie est aussi ancienne que le monde lui-même, son étude
physico-mathématique est récente.

Après les travaux de Poisson et de Stokes et leur application par
Mallet [15], Perrey [21], Milne [16] et les autres précurseurs de la
séismologie, une nouvelle impulsion scientifique fut donnée par les
mathématiciens à partir de 1880. C'est d'abord G. Darwin [2] qui
traite le problème statique de la déformation d'un solide élastique
par l'application d'une pression de forme harmonique à sa surface.
En 1882 Lamb [10] consacre un Mémoire aux vibrations dans une
sphère élastique; il indique une solution particulière de l'équation
générale en θ et ouvre ainsi la voie à Lord Rayleigh.

Celui-ci lut, le 12 novembre 1885, son Mémoire sur les ondes qui
se propagent le long de la surface supposée plane et indéfinie d'un
solide élastique [23]. Il y montre la propagation des ondes à la surface
d'un solide lorsqu'elles ont déjà atteint une distance telle qu'on
puisse considérer leur front comme rectiligne; il fait surtout ressortir
que les ondes de ce type sont, pour un corps homogène, les seules
pour lesquelles le mouvement est confiné à la surface. Ce travail a

depuis été complété par plusieurs autres : Lamb [11] a publié divers Mémoires dans lesquels il discute la propagation d'une perturbation de forme arbitraire, issue d'une région définie d'un solide homogène limité par un plan indéfini.

Dans son Mémoire Rayleigh a suggéré l'idée que les ondes du type étudié peuvent jouer un rôle important dans les tremblements de terre. Comme *elles ne pénètrent pas profondément à l'intérieur du corps*, elles ne divergent pratiquement que suivant deux dimensions et c'est pourquoi elles prennent une prépondérance de plus en plus grande quand la distance augmente.

Cette idée ne fut pas accueillie avec une très grande faveur par les séismologues : la théorie de Rayleigh met en lumière le fait que les composantes verticales du mouvement dans la phase principale ont une amplitude nettement prédominante. Or à l'époque où le Mémoire fut publié l'instrumentation était peu développée et ce fait n'apparaissait pas clairement aux observateurs.

Ce fut seulement en 1900 qu'Oldham [19] appliqua d'une manière systématique cette interprétation aux dépouillements des inscriptions. Il précisa que dans les premiers mouvements (dits préliminaires) genre Poisson, deux phases (dilatation et distorsion) se propagent à travers l'intérieur du globe, tandis qu'à la phase principale correspond *une propagation à la surface avec une vitesse constante*. Une autre raison de l'abstention trop longue des physiciens doit être cherchée dans l'existence de mouvements tangentiels qui annoncent la phase principale et dont cette théorie ne tenait pas compte (*voir* plus loin, Love).

Aujourd'hui la théorie est entrée dans le domaine classique et les ondes de surface portent le nom de Rayleigh. L'exposé qui suit est un résumé des théories Lamb-Rayleigh [10, 23] d'après le séismologue russe Galitzinc [3]. Cette question est si fondamentale qu'elle sera traitée ici avec quelques développements.

7. **Autre solution des équations générales. Ondes de Rayleigh.** — On peut satisfaire aux équations fondamentales (3) par les égalités

$$u = A\,e^{\Sigma}, \qquad v = B\,e^{\Sigma}, \qquad w = C\,e^{\Sigma},$$

où

$$\Sigma = -qz + i\{fx + gy - pt\}, \qquad i = \sqrt{-1},$$

A, B, C, q, f, g, p sont des constantes entre lesquelles existeront certaines relations. La substitution de u, v, w dans les équations fondamentales conduit aux trois conditions suivantes :

$$(9)\quad \begin{cases} -Ap^2 = \dfrac{\lambda+\mu}{\rho} fi[i(fA+gB)-Cq] + \dfrac{\mu}{\rho} A[q^2-f^2-g^2], \\ -Bp^2 = \dfrac{\lambda+\mu}{\rho} gi[i(fA+gB)-Cq] + \dfrac{\mu}{\rho} B[q^2-f^2-g^2], \\ -Cp^2 = \dfrac{\lambda+\mu}{\rho} q\,[i(fA+gB)-Cq] + \dfrac{\mu}{\rho} C[q^2-f^2-g^2]. \end{cases}$$

On peut satisfaire à ces équations de deux manières :

1° Soit c une nouvelle constante tout à fait arbitraire; on pose

$$(10)\qquad A = if_1c, \qquad B = ig_1c, \qquad C = -q_1c.$$

Si l'on transporte ces valeurs dans les équations ci-dessus, elles seront satisfaites à la condition que

$$(11)\qquad f_1^2 + g_1^2 - q_1^2 = \frac{\rho}{\lambda+2\mu} p_1^2.$$

2° On peut poser

$$(12)\qquad i(A_2f_2 + B_2g_2) - C_2q_2 = 0.$$

Les quantités entre crochets des équations (9) disparaissent et l'on obtient la condition

$$(13)\qquad f_2^2 + g_2^2 - q_2^2 = \frac{\rho}{\mu} p_2^2.$$

Soient Σ_1 et Σ_2 les valeurs correspondantes de Σ. L'intégrale générale des équations fondamentales pourra se mettre sous la forme de somme de ces deux intégrales particulières

$$(14)\qquad u = A_1e^{\Sigma_1} + A_2e^{\Sigma_2}, \qquad v = B_1e^{\Sigma_1} + B_2e^{\Sigma_2}, \qquad w = C_1e^{\Sigma_1} + C_2e^{\Sigma_2}.$$

La surface supérieure touchant à l'air, dont on négligera l'effet, on est conduit à écrire que les mouvements sont libres et que par suite les tensions élastiques N_3, T_1, T_2, à la surface de séparation sont nulles.

C'est exprimer la *condition de surface*.

En partant des équations (1) et (2)

$$N_3 = \lambda\Theta - 2\mu\frac{\partial w}{\partial z} = 0.$$

$$T_2 = \mu\left(\frac{\partial u}{\partial z} + \frac{\partial w}{\partial x}\right) = 0,$$

$$T_1 = \mu\left(\frac{\partial w}{\partial y} + \frac{\partial v}{\partial z}\right) = 0.$$

et y substituant les valeurs des intégrales générales dans les équations précédentes, on voit que Σ_1 doit toujours être égal à Σ_2, pour que, pour $z = o$, l'équation (1) soit satisfaite pour toutes les valeurs de x, y, t; il en résulte que les coefficients f, g et p ont les mêmes valeurs dans les deux solutions (1°) et (2°); mais $q_1 \neq q_2$.

On est ainsi amené à trois nouvelles équations de conditions

$$(15) \qquad \lambda i[(A_1 + A_2)f + (B_1 - B_2)g] = (\lambda + 2\mu)[C_1 q_1 + C_2 q_2],$$

$$(16) \qquad \begin{cases} A_1 q_1 + A_2 q_2 = if(C_1 + C_2), \\ B_1 q_1 + B_2 q_2 = ig(C_1 + C_2). \end{cases}$$

L'introduction dans ces expressions des valeurs (10) conduit à

$$A_2 q_2 = if(-q_1 c + C_2) - if q_1 c = if(C_2 - 2 q_1 c),$$
$$B_2 q_2 = ig(-q_1 c + C_2) - ig q_1 c = ig(C_2 - 2 q_1 c),$$

et en posant

$$(17) \qquad H = i\,\frac{C_2 - 2 q_1 c}{q_2},$$

à

$$(18) \qquad A_2 = f H, \qquad B_2 = g H.$$

Revenant alors à la condition (12), l'équation (15) prend la forme

$$\lambda[i(A_1 f_1 + B_1 g_1) - C_1 q_1]$$
$$+ \lambda[i(A_2 f_2 + B_2 g_2) - C_2 q_2] - 2\mu(C_1 q_1 - C_2 q_2) = o.$$

Le deuxième crochet est nul d'après la condition rappelée (12).

En portant dans le reste les expressions (10) de A_1, B_1, C_1, on obtient

$$\lambda c[q_1^2 - f^2 - g^2] + 2\mu q_1^2 c - 2\mu q_2 C_2 = o,$$

et d'après (11)

$$(19) \qquad C_2 = \left[\frac{q_1^2}{q_2} - \frac{\lambda}{\lambda - 2\mu}\,\frac{\rho}{2\mu}\,\frac{p^2}{q^2}\right]c.$$

D'autre part, d'après (12) et (18),

$$iH(f^2 - g^2) - q_2 C_1 = o,$$

d'où

$$(20) \qquad H = -i\,\frac{q_2 C_2}{f^2 + g^2}.$$

Égalant les deux valeurs de H (17) et (20) on a

$$(f^2 - g^2 - q_2^2)C_2 - 2q_1 c[f^2 + g^2] = 0.$$

On pose

$$(21) \qquad f^2 - g^2 = m^2.$$

d'où

$$(22) \qquad C_2 = \frac{2q_1 m^2 c}{m^2 - q_2^2}.$$

Il est commode de poser

$$h^2 = \frac{1}{a^2}, \qquad k^2 = \frac{1}{b^2},$$

et, d'après (5) et (5 *bis*), les conditions (11) et (13) deviennent

$$q_1^2 = m^2 - h^2 p^2, \qquad q_2^2 = m^2 - k^2 p^2,$$

et en égalant les deux valeurs de C_2 (19) et (22) on obtient

$$4 q_1 q_2 m^2 = (2m^2 - k^2 p^2)^2.$$

$$q_1 q_2 = \frac{[2m^2 - k^2 p^2]^2}{4m^2} \qquad \text{ou} \qquad q_1^2 q_2^2 = \frac{[2m^2 - k^2 p^2]^4}{16 m^4},$$

et comme d'autre part

$$q_1^2 q_2^2 = (m^2 - h^2 p^2)(m^2 - k^2 p^2),$$

en posant

$$(23) \qquad V = \frac{p}{m},$$

on est conduit à l'égalité

$$16(1 - h^2 V^2)[1 - k^2 V^2] = [2 - k^2 V^2]^4,$$

V est une fonction de k et h, donc des coefficients d'élasticité et de la densité ρ. On pose ($\chi = k^2 V^2$)

$$(24) \qquad \chi^4 - 8\chi^2 - \left(24 - 16\frac{h^2}{k^2}\right)\chi - \left(16 - 16\frac{h^2}{k^2}\right) = 0.$$

L'hypothèse $\sigma = \frac{1}{4}$ conduit à

$$\lambda = \mu, \qquad k^2 = \frac{\rho}{\mu}, \qquad h^2 = \frac{k^2}{3},$$

d'où

$$(25) \qquad 3\chi^3 - 24\chi^2 - 56\chi - 32 = 0.$$

Cette équation a trois racines :

$$\chi_1 = 4, \qquad \chi_2 = 2\left[1 + \frac{1}{\sqrt{3}}\right] = 3,1547, \qquad \chi_3 = 2\left[1 - \frac{1}{\sqrt{3}}\right] = 0,8453.$$

Seule la dernière satisfait aux conditions d'équilibre, car

$$q_3^2 = m^2 - k^2 p^2 = m^2\left(1 - k^2\,\frac{p^2}{m^2}\right) = m^2(1 - k^2 V^2) = m^2(1 - \chi),$$

donc χ doit être < 1.

8. Vitesse de propagation des ondes de Rayleigh. — On a, d'après la définition,

$$(26) \qquad\qquad V = \sqrt{\chi}\sqrt{\frac{\mu}{\rho}},$$

V représente une vitesse de propagation. On sait que pour $z = 0$ on a

$$\Sigma_1 = \Sigma_2 = \Sigma = i(fx + gy - pt).$$

Les déplacements d'un point de la surface du sol sont donnés par

$$(27) \qquad \begin{cases} u = (A_1 + A_2)e^{\Sigma}, \\ v = (B_1 + B_2)e^{\Sigma}, \\ w = (C_1 + C_2)e^{\Sigma}. \end{cases}$$

Imaginons un point M du plan des xy à la distance r de l'origine des coordonnées supposé coïncider avec un épicentre. Si α est l'angle de oM avec oX,

$$r = x\cos\alpha + y\sin\alpha.$$

Le fait physique que la propagation se fait également en tous sens conduit à admettre que Σ ne peut dépendre que de r; mais, d'après (21), $m = \sqrt{f^2 + g^2}$; donc on peut écrire

$$\Sigma = i\left\{ m\left(\frac{f}{m}x + \frac{g}{m}y\right) - pt\right\}, \qquad \text{d'où} \qquad \frac{f}{m} = \cos\alpha \qquad \frac{g}{m} = \sin\alpha$$

et

$$\Sigma = i\{mr - pt\}, \qquad fx + gy = rm.$$

Supposons le point M à une distance r telle qu'à l'instant t on ait une certaine valeur de Σ; en un point M_1 à la distance r_1, on aura la même valeur de Σ à un instant t_1 tel que

$$mr - pt = mr_1 - pt_1, \qquad m(r_1 - r) = p(t_1 - t) \qquad \text{ou} \qquad \frac{p}{m} = \frac{r_1 - r}{t_1 - t}.$$

Ainsi le mouvement dans le plan des xv défini par (27) met le temps $t_1 - t$ pour franchir la distance $r_1 - r$; donc

$$V = \frac{p}{m} = \frac{r_1 - r}{t_1 - t}$$

n'est autre chose qu'une vitesse, c'est la vitesse de propagation du type d'ondes considéré le long de la surface de la terre.

Détermination expérimentale. — Au lieu de faire l'hypothèse $\sigma = \frac{1}{4}$, on peut se baser sur des résultats d'observation, par exemple sur ceux de Zoeppritz et Geiger [33]. Si l'on adopte les valeurs trouvées par ces expérimentateurs

$$a = 7.17 \text{ km/s}. \qquad b = 4.01 \text{ km/s},$$

on est conduit à

$$\frac{h^2}{k^2} = \frac{\mu}{\lambda - 2\mu} = \frac{1 - 2\sigma}{2(1 - \sigma)} = 0.313.$$

Portée dans l'équation (24), cette valeur conduit à l'équation du troisième degré

$$(25 \ bis) \qquad \chi^3 - 8\chi^2 - 18.992\chi - 10.992 = 0.$$

On obtient pour χ_3 la valeur $0,852$ au lieu de $0,845$, ce qui donne $V = 0,923\,b$; pour $b = 4,01$ km/s, on déduit $V = 3,70$ km/s.

9. Intégrales particulières. Ondes planes à intensité variable. — L'intégrale générale peut être mise sous la forme

$$u = A_1 e^{-q_1 z} e^{i(fx + gy - pt)} - A_2 e^{-q_2 z} e^{i(fx + gy - pt)} + \dots,$$

ou encore

$$u = (A_1 e^{-q_1 z} - A_2 e^{-q_2 z}) \cos(pt - fx - gy) -$$
$$i(A_1 e^{-q_1 z} - A_2 e^{-q_2 z}) \sin(pt - fx - gy).$$
$$v = (B_1 e^{-q_1 z} - B_2 e^{-q_2 z}) \cos(pt - fx - gy) -$$
$$i(B_1 e^{-q_1 z} - B_2 e^{-q_2 z}) \sin(pt - fx - gy).$$
$$w = (C_1 e^{-q_1 z} + C_2 e^{-q_2 z}) \cos(pt - fx - gy) -$$
$$i(C_1 e^{-q_1 z} - C_2 e^{-q_2 z}) \sin(pt - fx - gy).$$

u, v et w doivent être réelles, on ne conservera donc, se fondant sur (10), que les parties réelles, à savoir :

$$u = -i[A_1 e^{-q_1 z} - A_2 e^{-q_2 z}] \sin(pt - fx - gy),$$
$$v = \quad i[B_1 e^{-q_1 z} + B_2 e^{-q_2 z}] \sin(pt - fx - gy),$$
$$w = \quad [C_1 e^{-q_1 z} - C_2 e^{-q_2 z}] \cos(pt - fx - gy).$$

Wiechert [31] envisage, sous forme d'intégrales particulières, le cas intéressant d'ondes planes à intensité variable le long de OZ. Les équations données dans les paragraphes suivants satisfont aux équations (4 *bis*) ou (4 *ter*). On peut d'ailleurs les déduire aisément de l'intégrale générale, reliant ainsi les notations de Wiechert et de Rayleigh-Galitzine. On distinguera divers genres d'ondes.

10. Ondes planes d'intensité inégale variant suivant une loi exponentielle.

a. Condensation. — Soit une onde plane de condensation se propageant dans la direction de Ox, dont l'intensité varie suivant l'axe QZ, mais est constante pour toutes les valeurs de y au même instant.

Dans ce cas $y = $ const. et l'on est conduit à faire $g_1 = 0$ dans la solution générale. D'après les relations ci-dessus (21, 23, 11, 10)

$$f = m. \quad V = \frac{p}{f}, \quad p = Vf, \quad p = \frac{2\pi}{T},$$
$$q_1^2 = f^2 \frac{p^2}{a^2} = p^2 \left(\frac{1}{V^2} - \frac{1}{a^2} \right) = \frac{4\pi^2}{T^2} \left(\frac{1}{V^2} - \frac{1}{a^2} \right),$$
$$q_1^2 = 4\pi^2 \left(\frac{1}{\Lambda^2} - \frac{1}{\lambda_a^2} \right), \quad A_1 = ifc, \quad C_1 = -q_1 c.$$

On pose

$$(28) \qquad\qquad \frac{1}{\Lambda^2} - \frac{1}{\lambda_a^2} = \frac{1}{Z_a^2},$$

avec $\Lambda = VT$, $\lambda_a = aT$, d'où

$$u_1 = -i^2 fc\, e^{-\frac{2\pi z}{Z_a}} [\sin(pt - fx) \cos\varphi - \sin\varphi \cos(pt - fx)],$$
$$w_1 = -q_1 c\, e^{-\frac{2\pi z}{Z_a}} [\sin(pt - fx) \cos\varphi + \sin(pt - fx) \sin\varphi].$$

Posons

$$c\cos\varphi = -C\frac{\lambda_a}{2\pi}, \qquad c\sin\varphi = S\frac{\lambda_a}{2\pi},$$

$$(29)\quad\begin{cases} u_1 = \dfrac{\lambda_a}{\Lambda}\, e^{-2\pi\frac{z_1}{\lambda_a}}\left[S\cos 2\pi\left(\dfrac{t}{T}-\dfrac{x_1}{\Lambda}\right) - C\sin 2\pi\left(\dfrac{t}{T}-\dfrac{x_1}{\Lambda}\right)\right], \\[2ex] w_1 = \dfrac{\lambda_a}{Z_a}\, e^{-2\pi\frac{z_1}{\lambda_a}}\left[C\cos 2\pi\left(\dfrac{t}{T}-\dfrac{x_1}{\Lambda}\right) - S\sin 2\pi\left(\dfrac{t}{T}-\dfrac{x_1}{\Lambda}\right)\right], \end{cases}$$

V étant la vitesse superficielle de propagation $\Lambda = V\frac{\lambda_a}{a}$.

Λ est $< \lambda_a$ d'après l'équation de condition (28), donc $V < a$.

Remarque. — On pourrait remplacer z par $-z$, puis ajouter et retrancher les élongations correspondantes, et ainsi on arriverait à une loi hyperbolique de la variation d'intensité.

b. DISTORSION. — Il y a lieu de considérer deux cas, suivant que les oscillations sont effectuées parallèlement ou perpendiculairement au plan contenant la direction de propagation x et la direction de variation de l'intensité z.

$1°$ *Oscillations parallèles.* — On considérera l'intégrale particulière

$$u = -i\Lambda_2 e^{-q_2 z}\sin(pt - fx_1 - \varphi),$$
$$w = C_2 e^{-q_2 z}\cos(pt - fx_1 - \varphi).$$

On a, d'après (21), (23), (13), (12),

$$V = \frac{p}{f}, \qquad p = Vf = \frac{2\pi}{T},$$

$$q_2^2 = f^2 - \frac{p^2}{b^2} = p^2\left(\frac{1}{V^2}-\frac{1}{b^2}\right) = \frac{4\pi^2}{T^2}\left(\frac{1}{V^2}-\frac{1}{b^2}\right) = 4\pi^2\left(\frac{1}{\Lambda^2}-\frac{1}{\lambda_b^2}\right),$$

$$C_2 = i\frac{\Lambda_2 f}{q_2},$$

$$(30)\qquad\qquad \frac{1}{\Lambda^2} - \frac{1}{\lambda_b^2} = \frac{1}{Z_b^2},$$

avec $\lambda_b = bT$.

On obtient aisément

$$-i\Lambda_2\cos\varphi = -C\frac{\lambda_b}{Z_b}, \qquad i\Lambda_2\sin\varphi = S\frac{\lambda_b}{Z_b},$$

d'où

$$i\frac{\Lambda_2 f}{q_2}\cos\varphi = C\frac{\lambda_b}{\Lambda}, \qquad i\frac{\Lambda_2 f}{q_2}\sin\varphi = S\frac{\lambda_b}{\Lambda}$$

et l'onde de distorsion aura pour expression

$$(31) \quad \begin{cases} u_1 = \dfrac{\lambda_b}{Z_b} e^{-2\pi \frac{z}{Z_b}} \left[S \cos 2\pi \left(\dfrac{t}{T} - \dfrac{x_1}{\Lambda} \right) - C \sin 2\pi \left(\dfrac{t}{T} - \dfrac{x_1}{\Lambda} \right) \right], \\[2ex] w_1 = \dfrac{\lambda_b}{\Lambda} e^{-2\pi \frac{z}{Z_b}} \left[S \sin 2\pi \left(\dfrac{t}{T} - \dfrac{x_1}{\Lambda} \right) + C \cos 2\pi \left(\dfrac{t}{T} - \dfrac{x_1}{\Lambda} \right) \right]. \end{cases}$$

D'après la condition (3o) $\Lambda < \lambda_b$ et $V < b$.

Ici encore, en combinant le cas de $z < o$ et $z > o$, on est amené à une loi hyperbolique.

2° *Oscillations perpendiculaires au plan contenant la direction de propagation et la direction dans laquelle l'intensité* I *varie suivant une loi exponentielle.* — Dans ce cas $u_1 = o$, $w_1 = o$, seule subsiste l'équation, intégrale particulière

$$v = i B_2 e^{-q_2 z} \sin(pt - fx - \varphi);$$

elle se met immédiatement sous la forme

$$(32) \qquad v = e^{-2\pi \frac{z}{Z}} \left[S \sin 2\pi \left(\dfrac{t}{T} - \dfrac{x}{\Lambda} \right) + C \cos 2\pi \left(\dfrac{t}{T} - \dfrac{x}{\Lambda} \right) \right],$$

la relation de condition $\dfrac{1}{\Lambda^2} - \dfrac{1}{Z^2} = \dfrac{1}{\lambda_b^2}$ subsiste

$$\Lambda = \lambda_b \dfrac{V}{b}, \qquad \Lambda < \lambda_b, \qquad V < b.$$

On peut comme précédemment passer à une loi hyperbolique.

11. Ondes planes dont l'intensité varie périodiquement. — Il est très facile d'établir que les équations sont satisfaites encore pour des ondes dont l'intensité varie périodiquement.

$$q_1^2 = 4\pi^2 \left(\dfrac{1}{\Lambda^2} - \dfrac{1}{\lambda_a^2} \right)$$

(cas des ondes de condensation) peut s'écrire

$$q_1^2 = \dfrac{4\pi^2}{Z^2}, \qquad q_1 = i \dfrac{2\pi}{Z},$$

avec la condition expérimentale

$$(33) \qquad \dfrac{1}{\Lambda^2} - \dfrac{1}{Z^2} = \dfrac{1}{\lambda_a^2}.$$

On peut alors transformer l'expression $e^{-i\frac{2\pi z}{Z}}$ en

$$\cos\frac{2\pi z}{Z} - i\sin\frac{2\pi z}{Z}$$

et obtenir les équations qui correspondent aux divers cas suivants :

ONDES DE CONDENSATION :

$$(34)\quad \begin{cases} u_1 = \dfrac{\lambda_a}{\Lambda}\cos 2\pi\,\dfrac{z_1}{Z}\left[S\cos 2\pi\left(\dfrac{t}{T} - \dfrac{x_1}{\Lambda}\right) - C\sin 2\pi\left(\dfrac{t}{T} - \dfrac{x_1}{\Lambda}\right)\right], \\[2ex] w_1 = \dfrac{\lambda_a}{\Lambda}\sin 2\pi\,\dfrac{z_1}{Z}\left[S\sin 2\pi\left(\dfrac{t}{T} - \dfrac{x_1}{\Lambda}\right) - C\cos 2\pi\left(\dfrac{t}{T} - \dfrac{x_1}{\Lambda}\right)\right]. \end{cases}$$

On a forcément $\Lambda > \lambda_a$, donc $V > a$, d'après la relation de condition. La signification physique est claire : c'est la profondeur à laquelle l'intensité reprend la même valeur et où l'on retrouve les mêmes déplacements u_1, w_1. z_1 peut alors être remplacé par $z_1 + \text{const.}$, par exemple $+\dfrac{Z}{4}$, et le $\cos 2\pi\,\dfrac{z_1}{Z}$ se transforme en $-\sin 2\pi\,\dfrac{z_1}{Z}$.

ONDES DE DISTORSION. — 1° *Oscillations parallèles :*

$$(35)\quad \begin{cases} u_1 = \dfrac{\lambda_b}{Z}\cos 2\pi\,\dfrac{z_1}{Z}\left[S\cos 2\pi\left(\dfrac{t}{T} - \dfrac{x_1}{\Lambda}\right) - C\sin 2\pi\left(\dfrac{t}{T} - \dfrac{x_1}{\Lambda}\right)\right], \\[2ex] w_1 = \dfrac{\lambda_b}{\Lambda}\sin 2\pi\,\dfrac{z_1}{Z}\left[S\sin 2\pi\left(\dfrac{t}{T} - \dfrac{x_1}{\Lambda}\right) - C\cos 2\pi\left(\dfrac{t}{T} - \dfrac{x_1}{\Lambda}\right)\right]. \end{cases}$$

D'après la condition

$$(36)\qquad \frac{1}{\Lambda^2} - \frac{1}{Z^2} = \frac{1}{\lambda_b^2},$$

$\Lambda > \lambda_b$, $V > b$.

On peut comme précédemment remplacer $\cos 2\pi\,\dfrac{z_1}{Z}$ par $-\sin 2\pi\,\dfrac{z_1}{Z}$ et réciproquement.

2° *Oscillations perpendiculaires :*

$$u_1 = 0, \qquad w_1 = 0,$$

$$(37)\qquad v_1 = \sin 2\pi\,\frac{z_1}{Z}\left[S\sin 2\pi\left(\frac{t}{T} - \frac{x_1}{\Lambda}\right) - C\cos 2\pi\left(\frac{t}{T} - \frac{x_1}{\Lambda}\right)\right],$$

$$(38)\qquad \frac{1}{\Lambda^2} - \frac{1}{Z^2} = \frac{1}{\lambda_b^2},$$

$\Lambda > \lambda_b$, $V > b$.

On pourra remplacer $\sin 2\pi\dfrac{z_1}{Z}$ par $\cos 2\pi\dfrac{z_1}{Z}$.

Remarque importante. — Aucun de ces systèmes d'ondes ne peut isolément satisfaire à la condition de surface. Mais on verra ultérieurement (§ 13) qu'on peut y satisfaire par des combinaisons de ces ondes.

12. Mouvement des particules à la surface de la terre. — Partant des équations (27), exprimant A_1, A_2, etc., d'après leur définition en fonction de H, remplaçant H par sa valeur, on arrive, après transformations, à

$$(39) \qquad A_1 + A_2 = i\,\frac{f}{m}\,\Gamma_1, \qquad B_1 + B_2 = i\,\frac{g}{m}\,\Gamma_1, \qquad C_1 + C_2 = \Gamma_2,$$

où

$$(40) \qquad \Gamma_1 = \frac{1}{2}\,\frac{k^2 p^2}{m}\,c,$$

$$(41) \qquad \Gamma_2 = \frac{1 - \dfrac{k^2 p^2}{2 m^2}}{\sqrt{\dfrac{1 - k^2 p^2}{m^2}}}\,\Gamma_1.$$

L'application de la formule de Moivre conduit à

$$(42) \qquad \left\{ \begin{aligned} u &= i\,\frac{f}{m}\,\Gamma_1 \cos(pt - fx - gy) + \frac{f}{m}\,\Gamma_1 \sin(pt - fx - gy), \\ v &= i\,\frac{g}{m}\,\Gamma_1 \cos(pt - fx - gy) + \frac{g}{m}\,\Gamma_1 \sin(pt - fx - gy), \\ w &= \Gamma_2 \cos(pt - fx - gy) - i\,\Gamma_2 \sin(pt - fx - gy), \end{aligned} \right.$$

u, v, w étant comme ci-dessus d'après leur signification physique des grandeurs réelles, on laissera de côté les parties imaginaires et l'on écrira

$$(43) \qquad \left\{ \begin{aligned} u &= \frac{f}{m}\,\Gamma_1 \sin(pt - fx - gy), \\ v &= \frac{g}{m}\,\Gamma_1 \sin(pt - fx - gy), \\ w &= \Gamma_2 \cos(pt - fx - gy). \end{aligned} \right.$$

On arrive ainsi à des oscillations harmoniques simples, à des ondes superficielles sinusoïdales.

Direction des vibrations. — Le mouvement résultant dans le plan des xy est $s = \sqrt{u^2 + v^2}$. D'après les relations

$$(44) \quad \begin{cases} \dfrac{f}{m} = \cos\alpha, \quad \dfrac{g}{m} = \sin\alpha, \quad m = \sqrt{f^2 + g^2}. \\[2mm] s = \Gamma_1 \sin(pt - fx - gy), \qquad w = \Gamma_2 \cos(pt - fx - gy). \end{cases}$$

Les projections horizontale et verticale des vibrations satisfont à la loi des mouvements harmoniques ; le déplacement horizontal se fait dans la direction de propagation, car l'angle fait avec Ox est α défini par les relations ci-dessus. La composante verticale est normale aux mouvements horizontaux et présente une différence de phase $\dfrac{\pi}{2}$, elle est maximum quand l'autre est minimum et réciproquement. Il y a donc ici superposition d'ondes de deux types, une onde longitudinale et une onde transversale se propageant avec la vitesse constante V.

Si l'on se rappelle les relations (40) et (41) on est conduit à

$$(45) \qquad \frac{s^2}{\Gamma_1^2} - \frac{w^2}{\Gamma_2^2} = 1.$$

Donc les particules de la terre décrivent lors du passage des ondes superficielles des ellipses de demi-axes Γ_1 *et* Γ_2.

Ces deux demi-axes sont proportionnels à c, qui prendra n'importe quelle valeur.

Cherchons le rapport des axes : on forme $\dfrac{\Gamma_1}{\Gamma_2}$ et l'on se place dans le cas où $\lambda = \mu$.

$$(46) \qquad \frac{\Gamma_1}{\Gamma_2} = \frac{\sqrt{1 - \dfrac{k^2 p^2}{m^2}}}{1 - \dfrac{k^2 p^2}{2 m^2}} = \frac{\sqrt{1 - \chi}}{1 - \dfrac{\chi}{2}} \qquad \text{or} \qquad \chi = 2\left(1 - \frac{1}{\sqrt{3}}\right)$$

$$\left(\frac{\Gamma_2}{\Gamma_1} = 1.468\right).$$

Ainsi, l'amplitude dans le sens vertical est beaucoup plus grande que dans le sens horizontal, résultat intéressant qu'il n'est malheureusement pas aisé de vérifier par l'observation ; à courte distance on n'a pas de mesure assez certaine ; là où l'on a de bons appareils installés, on est trop loin et les phénomènes sont extraordinairement compliqués par l'absorption et l'amortissement que nous étudierons ensuite.

13. Ondes superficielles envisagées comme combinaison d'ondes à intensité variable. — On a vu déjà qu'aucun des systèmes d'ondes envisagés aux paragraphes 10 et 11 ne peut prendre naissance isolément de lui-même à la surface de la terre, car aucun de ces systèmes ne peut satisfaire seul à la condition de surface, annulation des tensions pour $z = o$. Mais il peut y avoir *combinaison*, ce qui ramène des solutions particulières de Wiechert à l'intégrale générale de Rayleigh. Il est d'ailleurs évident que seuls peuvent intervenir les deux premiers types, condensation et distorsion avec oscillations parallèles, parce que seuls ils produisent les mêmes tensions à la surface et offrent la possibilité d'une compensation.

En choisissant convenablement l'origine des coordonnées on peut écrire les équations (29) et (31) sous la forme

$$(47) \quad \begin{cases} u_a = \dfrac{\lambda_a}{\Lambda} e^{-2\pi \frac{z}{Z_a}} S_a \cos 2\pi \left(\dfrac{t}{T} - \dfrac{x}{\Lambda} \right), \\[2ex] w_a = \dfrac{\lambda_a}{Z_a} e^{-2\pi \frac{z}{Z_a}} S_a \sin 2\pi \left(\dfrac{t}{T} - \dfrac{x}{\Lambda} \right), \end{cases}$$

$$(48) \quad \begin{cases} u_b = \lambda_b e^{-2\pi \frac{z}{Z_b}} S_b \cos 2\pi \left(\dfrac{t}{T} - x \right), \\[2ex] w_b = \lambda_b e^{-2\pi \frac{z}{Z_b}} S_b \sin 2\pi \left(\dfrac{t}{T} - x \right), \end{cases}$$

avec les relations

$$(28) \qquad \frac{1}{\Lambda^2} - \frac{1}{Z_a^2} = \frac{1}{\lambda_a^2}$$

et

$$(3o) \qquad \frac{1}{\Lambda^2} - \frac{1}{Z_b^2} = \frac{1}{\lambda_b^2} \cdot$$

Comme il s'agit d'une propagation d'onde unique, Wiechert attribue aux deux systèmes la *même longueur d'onde*, ce qui exige que Z_a *et* Z_b *soient différents*. T étant connu ainsi que λ_a et λ_b, les deux relations (28) et (3o) permettent de déterminer deux des trois quantités Λ, Z_a, Z_b, la troisième étant donnée, par exemple Z_a et Z_b connaissant Λ. Se donnant T on peut se proposer de déterminer Λ et le rapport $\dfrac{S_a}{S_b}$. On peut le faire grâce aux équations de condition à la surface en explicitant d'après (47) et (48) les équations (1) et (2). On est ainsi ramené *forcément* à l'équation (24) qui a été obtenue à partir de l'intégrale générale, et l'on obtient

$$(49) \qquad \frac{S_a}{S_b} = -\frac{b}{a}\frac{\sqrt{1-\left(\frac{V}{b}\right)^2}}{1-\frac{1}{2}\left(\frac{V}{b}\right)^2}.$$

En tenant compte en outre de (30) on arrive à

$$(50) \qquad \left(\frac{\Lambda}{Z_b}\right)^6 - 5\left(\frac{\Lambda}{Z_b}\right)^4 - \left(11-16\frac{b^2}{a^2}\right)\frac{\Lambda^2}{Z_b^2} = 1.$$

La racine positive inférieure à 1 convient. On la calcule par approximations successives en posant d'abord $\left[\left(\frac{\Lambda}{Z_b}\right)^6 \text{ étant négligé}\right]$

$$\left(\frac{\Lambda}{Z_b}\right)^2 = \frac{1}{11-16\frac{b^2}{a^2}},$$

puis

$$\left(\frac{\Lambda}{Z_b}\right)^2 = \frac{1}{11-16\frac{b^2}{a^2}}\left(1 - \frac{5}{\left(11-16\frac{b^2}{a^2}\right)^2} - \cdots\right).$$

On a alors les valeurs approximatives suivantes :

$$\frac{b^2}{a^2} = 0.3, \qquad \frac{\Lambda}{2b} = \frac{1}{2.5}, \qquad \frac{V}{b} = \frac{9}{10}.$$

On retrouve donc le résultat déjà acquis que la vitesse des ondes Rayleigh est un peu plus petite que celle des ondes transversales (*voir* p. 17).

Mais de plus Wiechert [31], par cette considération générale d'ondes à intensité variable, pénètre plus avant au point de vue physique. Il montre que des deux parties constituantes de l'onde Rayleigh, celle qui diminue le moins vite d'intensité en pénétrant à l'intérieur du sol est l'onde de cisaillement. On peut en effet évaluer Z_a par l'équation

$$\left(\frac{\Lambda}{Z_a}\right)^2 = 1 - \frac{b^2}{a^2}\frac{V^2}{b^2}, \qquad \left(\frac{\Lambda}{Z_a}\right)^2 = \text{env. } \frac{3}{4}, \qquad \frac{\Lambda}{Z_a} = \frac{1}{2.5},$$

ou

$$\left(\frac{\Lambda}{Z_a}\right)^2 = 1 - \frac{b^2}{a^2} - \frac{b^2}{a^2}\left(\frac{\Lambda}{Z_b}\right)^2.$$

Donc $Z_a < Z_b$.

On peut dire en résumé qu'en suivant la marche indiquée par Wiechert les ondes de Rayleigh, envisagées comme combinaisons d'ondes à intensité variable, sont caractérisées par un ensemble d'équations qui en représentent toutes les propriétés :

$$\left(\frac{V}{b}\right)^6 - 8\left(\frac{V}{b}\right)^4 + 8\left(3 - 2\frac{b^2}{a^2}\right)\left(\frac{V}{b}\right)^2 - 16\left(1 - \frac{b^2}{a^2}\right) = 0$$

[autre forme de (24)].

$$(49) \qquad \frac{S_a}{S_b} = \frac{b}{a} - \frac{\sqrt{1 - \left(\frac{V}{b}\right)^2}}{1 - \frac{1}{2}\left(\frac{V}{b}\right)^2},$$

$$\left(\frac{V}{b}\right)^2 = \left(\frac{\Lambda}{\lambda_b}\right)^2 = 1 - \left(\frac{\Lambda}{Z_b}\right)^2 \qquad [\text{autre forme de } (30)],$$

$$(30) \qquad \left(\frac{\Lambda}{Z_b}\right)^6 - 5\left(\frac{\Lambda}{Z_b}\right)^4 - \left(11 - 16\frac{b^2}{a^2}\right)\left(\frac{\Lambda}{Z_b}\right)^2 - 1 = 0,$$

$$\left(\frac{\Lambda}{Z_a}\right)^2 = 1 - \frac{b^2}{a^2} - \frac{b^2}{a^2}\left(\frac{\Lambda}{Z_b}\right)^2 \qquad [(28) \text{ et } (30)].$$

Remarque. — Il est clair qu'en faisant $z = 0$ dans les équations (47) et (48) on est ramené à l'étude du mouvement du sol, et l'on retrouve les conclusions du paragraphe 7. Celui-ci montrait aussi la constitution d'une onde Rayleigh en deux types différents, mais l'exposé de Wiechert est plus général.

14. Influence de l'amortissement. — Galitzine [4] admet une force retardatrice, un amortissement proportionnel à la vitesse des particules solides (sol de la terre). Les équations différentielles seront généralisées dans les suivantes :

$$(51) \quad \begin{cases} \rho\,\dfrac{\delta^2 u}{\delta t^2} + \nu\,\dfrac{\delta u}{\delta t} = (\lambda + \mu)\,\dfrac{\delta\theta}{\delta x} + \mu\Delta u, \\[2mm] \rho\,\dfrac{\delta^2 v}{\delta t^2} + \nu\,\dfrac{\delta v}{\delta t} = (\lambda + \mu)\,\dfrac{\delta\theta}{\delta y} + \mu\Delta v, \\[2mm] \rho\,\dfrac{\delta^2 w}{\delta t^2} + \nu\,\dfrac{\delta w}{\delta t} = (\lambda + \mu)\,\dfrac{\delta\theta}{\delta z} + \mu\Delta w, \end{cases}$$

où ν est une constante déterminée.

Comme dans l'étude des ondes de surface, les solutions particulières seront fournies par les équations $u = Ae^{\Sigma}$, etc., où Σ prendra la forme plus complexe

$$(52) \qquad \Sigma = - qz + i \{ fx - gy - pt \} - \varepsilon t - \varkappa r,$$

$V = \dfrac{p}{m}$ représentera encore dans ce cas la vitesse de propagation des ondes, bien qu'elles soient amorties. On a toujours aussi $fx + gh = rm$, ou $\varkappa r = \varkappa \dfrac{1}{p} (fx + gy)$. On pose

$$(53) \qquad \gamma = \varkappa \frac{V}{p},$$

et

$$(54) \qquad \begin{cases} f' = f(1 - \gamma i), \\ g' = g(1 - \gamma i). \end{cases}$$

Σ prendra la forme suivante :

$$\Sigma = - qz - i \{ f'x - g'y - pt \} - \varepsilon t.$$

On portera cette valeur de Σ dans les solutions des équations (54), introduisant encore de nouvelles notations :

$$(55) \qquad \beta = \frac{\dfrac{\gamma}{2} - \gamma \varepsilon}{p},$$

$$(56) \qquad \delta = \frac{\varepsilon \left(\dfrac{\gamma}{2} - \varepsilon \right)}{p^2},$$

$$(57) \qquad p'^2 = p^2 [(1 - \delta) - \beta i],$$

on arrive pour la détermination des constantes ABC aux trois conditions suivantes :

$$(58) \quad \begin{cases} - A p'^2 = \dfrac{\lambda - \mu}{\rho} f' i \{ i \{ f' A - g' B \} - C q \} - \dfrac{\mu}{\rho} A [q^2 - f'^2 - g'^2]. \\[4pt] - B p'^2 = \dfrac{\lambda - \mu}{\rho} g' i \{ i \{ f' A - g' B \} - C q \} - \dfrac{\mu}{\rho} B [q^2 - f'^2 - g'^2]. \\[4pt] - C p'^2 = \dfrac{\lambda - \mu}{\rho} q \{ i \{ f' A - g' B \} - C q \} - \dfrac{\mu}{\rho} C [q^2 - f'^2 - g'^2]. \end{cases}$$

Ces équations (58) ont exactement la même forme que les équations (9), il suffit de remplacer fg et p par $f'g'$ et p'. Toute l'analyse faite précédemment peut donc s'appliquer.

D'une manière analogue on peut poser : $m'^2 = f'^2 + g'^2$. D'après les relations

$$(54) \qquad m' = m(1 + \gamma i) \qquad \text{et} \qquad \chi' = k^2 \left(\frac{p'}{m'} \right)^2,$$

χ' étant racine de l'équation

$$(25\ bis) \qquad \chi'^3 - 8\chi'^2 - 18,992\,\chi' - 10,992 = 0,$$

en se reportant à (56) et (57) on aura

$$\frac{p'^2}{m'^2} = \frac{p^2}{m^2} \cdot \frac{(1 - \delta) + \beta i}{(1 - \gamma)^2 + 2\gamma i} = V^2 \frac{1}{(1 - \gamma^2)^2} [(1 + \delta) + \beta i][(1 - \gamma^2) - 2\gamma i]$$

$$= V^2 \frac{1}{(1 - \gamma^2)^2} [\{(1 + \delta)(1 - \gamma^2) + 2\beta\gamma\} + \{\beta(1 - \gamma^2) - 2\gamma(1 + \delta)\}i].$$

On pose

$$(59) \qquad A = \frac{(1 + \delta)(1 - \gamma^2) + 2\beta\gamma}{(1 + \gamma^2)^2}$$

et

$$(60) \qquad B = \frac{\beta(1 - \gamma^2) - 2\gamma(1 + \delta)}{(1 - \delta)(1 - \gamma^2) + 2\beta\gamma},$$

on a donc

$$\left(\frac{p'}{m'} \right)^2 = V^2 A[1 + B i],$$

si de plus on pose

$$(61) \qquad \xi = k^2 v^2 A,$$

et

$$(62) \qquad \chi' = \xi(1 + B i),$$

portant cette valeur de χ' dans l'équation (25 bis), on a

$$\xi^3(1 - 3B^2) - 8\xi^2(1 - B^2) - 18,992\xi - 10,992$$
$$- i\xi B[\xi^2(3 - B^2) - 16\xi + 18,992] = 0.$$

Cette équation est formée de deux parties. On peut faire $B = 0$ et

$$\xi^3 - 8\xi^2 + 18,992\xi - 10,992 = 0.$$

En conservant cette deuxième équation, on retrouve comme précédemment

$$\xi = 0,852.$$

Par suite, on aura aussi, d'après les relations (61) et (5 bis),

$$(63) \qquad V = 0,9236\,\frac{1}{\sqrt{A}},$$

ou $V = \dfrac{V_0}{\sqrt{A}}$, où V_0 est la valeur $0,923$ des ondes Rayleigh sans amortissement.

On pose encore $\dfrac{V}{\rho} = \varepsilon_1$.

En partant de $B = 0$ et en considérant les équations (59) et (55) on obtient

$$(64) \qquad \beta = \frac{2\gamma}{1-\gamma^2}(1+\delta) = \frac{\varepsilon_1 - 2\varepsilon}{p}.$$

Portant cette valeur de β dans A (59), on obtient

$$(65) \qquad A = \frac{1+\delta}{1-\gamma^2},$$

γ est par essence une grandeur positive.

Si ε et ε_1 sont petits, $1+\delta$ sera certainement positif et d'après la relation (64), $\beta > 0$, donc $\varepsilon_1 > 2\varepsilon$, *a fortiori* $\varepsilon_1 > \varepsilon$. Par conséquent, d'après (56), $\delta = \dfrac{\varepsilon(\varepsilon_1 - \varepsilon)}{p^2}$ sera positif. Pour un très faible amortissement $A = 1$. On peut donc poser $A = 1 + \zeta$ où ζ est une grandeur positive.

Des équations (64) et (65) il suit :

$$(66) \qquad 2\gamma A = \frac{\varepsilon_1 - 2\varepsilon}{p}, \qquad \gamma = \frac{\varepsilon_1 - 2\varepsilon}{2p A},$$

On introduit cette valeur de γ dans la formule (65), on remplace A par $1 + \zeta$ et δ par sa valeur tirée de la formule (56); ζ doit être la racine positive de l'équation du second degré :

$$\zeta^2 - \left| 1 - \frac{\varepsilon(\varepsilon_1 - \varepsilon)}{p^2} \right| \zeta - \frac{\varepsilon_1^2}{4p^2} = 0,$$

d'où

$$(67) \qquad \zeta = \frac{1}{2}\left[\sqrt{1 - \frac{(\varepsilon_1 - \varepsilon)^2 + \varepsilon^2}{p^2} + \frac{\varepsilon^2(\varepsilon_1 - \varepsilon)^2}{p^4}} + \frac{\varepsilon(\varepsilon_1 - \varepsilon)}{p^2} - 1 \right].$$

D'après la formule (63) on a

$$(68) \qquad V = \frac{V_0}{\sqrt{1 - \zeta}}.$$

Si T_p indique la période de l'onde séismique correspondante on a, d'après une relation connue,

$$p^2 = \frac{4\pi^2}{T_p^2}.$$

En partant des équations (67) et (68), on voit qu'un accroissement de T_p diminue p, augmente ζ, et diminue la vitesse de propagation des ondes séismiques de surface. Pour ces ondes la vitesse n'est pas la même. Il existe donc une *dispersion*, et cette dispersion doit être définie comme anomale puisque de très petites vitesses de propagation des ondes correspondent à de très grandes périodes et inversement. La vitesse $V_0 = 3,70$ km/s représente donc la vitesse de propagation d'ondes de très courtes périodes pour lesquelles la loi de dispersion est exprimée par les formules (67) et (68).

15. **Variations de l'amortissement avec la période.** — La valeur de l'amortissement dépend du coefficient α. En partant des formules (53) et (66)

$$\alpha = \frac{\varepsilon_1 - 2\varepsilon}{2(1+\xi)}\,\frac{1}{V}\cdot$$

On remplace V par sa valeur tirée de la formule (68) et l'on a

$$(69) \qquad \alpha = \frac{\varepsilon_1 - 2\varepsilon}{2 V_0}\,\frac{1}{\sqrt{1+\zeta}}\cdot$$

Le coefficient d'amortissement des ondes de surface dépend donc de la période des ondes T_p et décroît quand T_p augmente. Les ondes de courtes périodes sont donc plus fortement amorties que celles de longues périodes. En négligeant les termes d'ordre inférieur on peut réduire la valeur de ζ à

$$(70) \qquad \zeta = \frac{\varepsilon_1^2}{4p^2}\cdot$$

Pour conclure, Galitzine introduit les relations suivantes :

$$\tau = \frac{4\pi}{\varepsilon_1},$$

d'où

$$(71) \qquad \zeta = \frac{T_p^2}{\tau^2},$$

$$(72) \qquad \alpha_0 = \frac{\varepsilon_1 - 2\varepsilon}{2 V_0},$$

τ est un intervalle de temps déterminé et α_0 la constante d'amortissement d'ondes de très courtes périodes.

On obtient les deux formules définitives suivantes :

$$(73) \qquad V = \frac{V_0}{\sqrt{1 - \dfrac{T_p^2}{\tau^2}}},$$

et

$$x = \frac{x_0}{\sqrt{1 - \dfrac{T_p^2}{\tau^2}}}.$$

16. Mouvement d'une particule du sol. — On néglige les variations d'amortissement pendant la durée d'une période et l'on trouve que des petites particules décrivent des trajets elliptiques pour lesquels le rapport de la moitié de l'axe vertical à la moitié de l'axe horizontal est égal à 1.49 comme dans le cas précédent. La théorie résumée ici conduit donc à énoncer les résultats suivants :

La vitesse de propagation et l'amortissement des ondes séismiques de surface dépendent de la période T_p des ondes considérées et décroissent quand T_p croît.

17. Discussion de ces résultats dans l'état actuel de la séismologie. — Dans quelle mesure ces résultats sont-ils en rapport avec les résultats d'observation ?

La vitesse V moyenne observée est $<$ que V_0, ce qui est d'accord avec la formule (73).

Galitzine a tenté des vérifications en se basant sur des maximums observés dans les ondes W_1 et W_2 [ondes ayant passé à l'antipode ou fait complètement le tour de la terre (Grand tremblement de terre de Messine, 28 décembre 1908)].

La moyenne donne $V = 3,53$ km/s, nombre $<$ que $V_0 = 3,70$.

J'objecterai que le maximum ne me paraît pas correspondre à une phase définie. Il n'a pas forcément une existence objective réelle. Il peut être seulement le résultat d'interférences et différer d'une station à une autre, même très voisine. Il me semble préférable de rechercher dans des inscriptions d'appareils verticaux *le moment où commencent à apparaître des composantes verticales, c'est-à-dire le moment où commencent d'une façon certaine les ondes genre Rayleigh dont il vient d'être question.* C'est souvent dans une région du séismogramme où il n'y a pas de maximum, par suite d'extinctions dues à des interférences. La vitesse ainsi obtenue est voisine de 3 km/s. Ce résultat est d'ailleurs aussi dans le sens indiqué par la formule (73).

Galitzine ne s'était pas dissimulé les difficultés du problème. Il signale lui-même que l'examen de la formule (73) est rendue notablement plus difficile par le fait qu'expérimentalement la période de l'onde séismique correspondante croît avec l'espace parcouru par les ondes. Pour les maximums précédents dans W_1, il avait en moyenne $T_p = 13^s,4$, tandis que dans W_2, T_p était déjà égal à 24 secondes.

Mais a-t-on bien affaire aux mêmes ondes ? Ne serait-ce pas plutôt la preuve de l'inexistence de ces maximums en tant que phase vraie ?

Pour continuer à tirer des conclusions, Galitzine prend la moyenne de $13,4$ et 24, soit $T_p = 18,7$. En y joignant les valeurs $V_0 = 3,70$, $V = 3,53$ il obtient d'après $(73) \tau = 59^s,5$.

Se basant alors sur cette valeur de τ l'auteur trouve pour différentes périodes d'ondes T_p :

T_p.		V.
1 seconde	....	3,70 km/s
10 secondes	....	3,65 »
20 »	....	3,51 »
30 »	....	3,30 »
40 »	....	3,07 »

Galitzine insiste lui-même sur le fait qu'il ne saurait être question ici que de valeurs moyennes. Cela tient non seulement aux différences dans la constitution physique des couches supérieures de la terre, mais à la façon même dont le calcul a été conduit.

Pour l'amortissement la valeur précédente de τ conduit aux valeurs ci-dessous de α :

T_p.		α.
1 seconde	....	$1 \quad \times \alpha_0$
10 secondes	....	0,986 »
20 »	....	0,948 »
30 »	....	0,893 »
40 »	....	0,830 »

En partant du tremblement de terre de Messine, on trouve pour la constante d'amortissement de l'énergie I à la surface

$$\alpha = 0,00027.$$

Pour des périodes égales I est proportionnel au carré des déplacements et l'on aura $z = 0,00014$, les distances étant en km/s. Si l'on prend comme plus haut $T_p = 18^s,7$ on trouve d'après (74) $\alpha_0 = 0,00015$.

Peut-on justifier le résultat le plus intéressant au point de vue expérimental. à savoir que les ondes de courtes périodes sont les plus amorties ? Galitzine remarque que les plus grandes amplitudes des mouvements vrais du sol appartiennent aux périodes d'ondes les plus longues et inversement. C'est vrai d'une façon générale si l'on oppose les longues ondes aux S ou aux P. Ce n'est pas exact si l'on entre dans le détail des longues ondes et il ne suffit pas d'ajouter : « On ne doit pas négliger de dire que dans quelques cas spéciaux, il y a des exceptions à cette règle. »

La formule (73) conduit à un autre résultat essentiel, c'est que pour des périodes d'ondes infiniment longues, V est égal à zéro.

Ce résultat se conçoit parfaitement au point de vue physique; une valeur infiniment petite de p indique que la force de réaction du milieu considéré pour un petit déplacement d'une petite particule de la masse est infiniment petit. Mais si les forces de réaction sont nulles, il ne peut y avoir propagation d'onde. Dans ce cas, d'après la formule (74), l'amortissement est aussi égal à zéro. Il se produit en optique quelque chose d'analogue pour les formules de dispersion : celles de Cauchy et Ketteler conduisent à une vitesse de propagation infiniment petite; mais la dispersion est normale. On peut sans doute les appliquer à des vibrations de très courtes périodes. Mais pour des ondes de surface la dispersion est anomale, et c'est pour les ondes très longues que la vitesse devient nulle.

Galitzine ne considérait lui-même ce mémoire que comme une tentative pour résoudre le problème de la dispersion et de l'amortissement des ondes séismiques de surface : ce travail a ouvert des horizons nouveaux et est un des plus importants monuments de son œuvre. Mais il a supposé le milieu homogène, isotrope. Il faudrait tout au moins, comme le recommande Rudzki, envisager un milieu transversalement isotrope.

C'est peut-être pour les ondes de surface que l'hypothèse de l'isotropie est la plus dangereuse en conduisant à des résultats trop particuliers. Toutes les déductions que l'on tire de l'hypothèse $z = 0$ s'appliquent à la surface de la terre, par conséquent à un milieu essentiellement hétérogène.

CHAPITRE III.

LA COMPLEXITÉ DE LA PHASE PRINCIPALE ET LA CONSTITUTION DU GLOBE.

18. Aspect général. — Après les ondes S on aperçoit dans les inscriptions de séismographes de grandes ondes que les séismologues appellent la *phase principale*, parce qu'en général les élongations y sont plus importantes que dans les P et les S, que l'on nomme alors, par opposition, les *préliminaires*. Ces noms ne sont peut-être pas très bien choisis, car les différentes ondes se distinguent beaucoup plus par leur origine et leurs propriétés mécaniques que par leur succession dans le temps.

Les ondes de la phase principale se subdivisent en plusieurs catégories, mais on peut en distinguer trois plus apparentes : d'abord des ondes à grandes périodes qui constituent en quelque sorte la phase introductrice, avec prédominance de mouvements transversaux ; puis se manifestent des périodes plus courtes ; enfin les intruments disposés pour inscrire les secousses normales à la surface de la terre commencent à inscrire des composantes verticales très importantes, alors que jusqu'à cette phase *les vibrations s'effectuaient surtout dans le plan horizontal*.

Dans cette phase, dite principale, on voit souvent des ondes sinusoïdales très développées présentant des maximums disposés par trains successifs, visibles sur les diverses composantes, particulièrement nettes sur certaines inscriptions verticales.

19. Distinction entre les diverses oscillations. — Lorsqu'on a à sa disposition les inscriptions de la composante du mouvement suivant la verticale, et suivant deux directions rectangulaires dans le plan horizontal, on peut se proposer de rechercher à une même époque déterminée, et en tenant compte des décalages, les composantes du mouvement suivant la direction de propagation ou la direction perpendiculaire. On peut établir dans l'espace la position de la vibration incidente. On est alors renseigné sur la nature des différentes vibrations dont il vient d'être question.

La distinction entre les ondes à mouvements transversaux horizontaux et celles à composante verticale est si nette, d'après Wiechert, que
quiconque travaille au dépouillement des grandes ondes est conduit
à s'en apercevoir. Quand on a à sa disposition un bon appareil vertical, on constate bien que toutes les vibrations parallèles au plan de
propagation ont une composante verticale plus ou moins importante,
tandis que les précédentes en sont dépourvues.

Ce sont ces dernières que l'on considère comme des ondes de
Rayleigh.

Mais ni les mémoires de Lamb, ni ceux de Rayleigh n'expliquent
l'existence de mouvements horizontaux à angle droit de la direction
de propagation. On sait qu'il en existe dans la seconde phase des préliminaires. Love [14] voit leur origine dans une perturbation initiale
spéciale due à l'action d'un couple ou à un cisaillement brusque dans
le sens horizontal. Cette explication me tente parce qu'elle éclairerait
le fait que les S sont particulièrement développées dans les séismes
provenant de certaines contrées et il me paraît incontestable que la
séismologie dépend grandement de la géographie physique.

Knott [9] et Wiechert [30] ont émis séparément l'idée que le
mouvement transversal prépondérant dans les premières ondes de la
phase principale correspondait à la transmission à travers « l'écorce
solide de la terre ». Knott suppose qu'elles sont produites par des
réflexions successives d'ondes ordinaires de dilatation et de distorsion
sur les surfaces terminales inférieure et supérieure de l'écorce et
aussi sur les plans de séparation des diverses couches des roches hété-
rogènes dont elle est composée. Il s'appuie sur les faits résumés au
Chapitre IV sur la réflexion et que Wiechert a complètement
analysés.

Love [14] fait intervenir les réflexions sur des pans de roches ou
couches obliques, ne concevant pas que la réflexion puisse donner
naissance à des vibrations à angle droit du plan d'incidence, si les
incidentes ne vibrent pas déjà elles-mêmes de cette manière ; il
ne voit d'ailleurs aucune raison pour que des ondes à vibrations perpendiculaires à la direction de propagation ne se propagent pas à
travers l'écorce, même si elle était homogène, et sans pénétrer pour
cela profondément dans la matière sous-jacente.

En fait, Wiechert avait déjà supposé qu'il en était ainsi, mais en
faisant une hypothèse particulière. Il s'appuie sur le fait que les ondes

Rayleigh sont celles qui correspondent à une propagation à la surface
d'un solide élastique indéfini supposé isotrope, homogène, la perturbation étant localisée dans une couche superficielle de l'ordre de la
longueur d'onde, cas comparable à celui d'une eau profonde avec
couches superficielles, mais aussi avec cette différence que l'énergie
potentielle provient de tensions élastiques et non de la gravité.

L'analyse mathématique se présente d'une manière un peu différente si, au lieu d'un solide homogène, on envisage une lame à surfaces libres planes et parallèles. On a remarqué que, dans la résolu-
tion de Rayleigh des équations du mouvement, la quantité q avait été
supposée réelle et positive. C'est cette condition mathématique qui
limitait la propagation de la perturbation à la surface. Dans le cas
contraire, celle-ci aurait pu pénétrer profondément à l'intérieur. Si
l'on avait également posé

$$\Sigma' = + q'z + i(f'x + g'y - pt),$$

on aurait pu écrire l'intégrale générale sous la forme

$$u = A\, e^{\Sigma} + B\, e^{\Sigma'},$$

et la forme adoptée aurait pris un caractère plus général.

C'est bien ce qu'avait fait Rayleigh [23] dans son mémoire primitif où la dilation avait été mise sous la forme

$$\Theta = P\, e^{-qz} + Q\, e^{+qz}.$$

Il fait remarquer que q doit être réel pour que la dilatation ne
pénètre pas à une profondeur indéfinie et que pour la même raison
seul le premier terme doit subsister avec un exposant négatif; il
ajoute qu'en écartant ces restrictions on pourrait obtenir la solution
complète applicable à une lame comprise entre deux surfaces planes
parallèles libres. Mais il convient qu'il n'a pu obtenir de cette
manière aucun résultat qui vaille la peine d'être noté.

Eh bien, Wiechert estime que c'est précisément dans les vibrations
de cette lame à faces parallèles qu'il faut trouver l'origine de ces
premières ondes de surface dont la vitesse serait très voisine de b
puisqu'elles succèdent presque immédiatement aux S. C'est par
l'existence de l'écorce assimilable à une lame à faces parallèles qu'il
interprète les ondes de surface de la phase principale à vibrations

perpendiculaires à la direction de propagation. Il va même plus loin
en disant que pour lui l'existence de ce genre de vibrations est *une
preuve de l'existence du magma semi-fluide* sur lequel flotterait
l'écorce assimilable à une lame à faces parallèles.

Les conceptions résumées ci-dessus et une telle constitution du
globe conduisent à penser que les ondes dont le plan de vibration
est parallèle à la direction de propagation et qui ont une composante
verticale se rapprochent des ondes envisagées par Rayleigh, *mais ne
sont pas les ondes pures correspondant à la théorie mathématique.* Elles constituent sans doute un ensemble d'ondes compliquées
où jouent un rôle les ondes à intensité variant de manière sinusoïdale
(p. 20) en relation avec la couche hétérogène feuilletée de l'écorce
terrestre.

Wiechert considérait comme prématuré de s'engager dans une
telle étude en raison de la pénurie des moyens d'observation.

Il n'en est plus de même aujourd'hui, tant à cause des progrès que
lui-même a fait faire à l'instrumentation que des travaux de l'école
Galitzine, bien appropriés à l'étude de la phase principale.

C'est sans doute dans la région épicentrale elle-même que prennent
naissance les ondes superficielles que *pour simplifier* nous iden-
tifions aux ondes de Rayleigh : ce sont des combinaisons d'ondes de
surface de condensation et de distorsion réunies par l'intermédiaire
de la surface elle-même. Je rappelle qu'un seul genre de ces ondes
ne peut exister isolément; c'est une combinaison des deux genres
qui permet de réduire à zéro les tensions élastiques dans la surface.

Ici se présente une contradiction au moins apparente. La vitesse
de propagation des ondes Rayleigh est inférieure à a et même b
(p. 17, etc.). et on les conçoit comme formées d'ondes de vitesse a et b.
On lève cette contradiction en faisant remarquer que ce n'est pas du
foyer à proprement parler que s'ébranlent directement les ondes de
Rayleigh, mais les vibrations au foyer donnent naissance dans le
voisinage de l'épicentre à des ondes successives qui ont plus ou
moins le caractère des ondes Rayleigh et qui au loin, en vertu du
principe des vibrations forcées, prennent la même période que les
vibrations au foyer. Le phénomène d'interférences doit avoir sa part
dans le mécanisme de leur formation. En tout cas, ce n'est qu'au
bout d'un certain temps et après l'arrivée de trains excitateurs de

                                E. ROTHÉ.

vitesse a et b que s'établit un état stationnaire correspondant aux ondes Rayleigh et dont la vitesse de propagation est ensuite inférieure à b.

CHAPITRE IV.

RÉFLEXION DES ONDES A LA SURFACE. RÉFRACTIONS INTERNES.
ANGLES APPARENTS D'ÉMERGENCE.

20. Considérations générales. — Les ondes doivent se réfléchir à la surface de la terre et les séismogrammes accusent en effet après les impetus des ondes de compression et de distorsion, de nouvelles impulsions qu'on attribue à ces réflexions et qui rendent très complexe l'analyse de l'inscription. Il n'y a pas lieu de considérer de réfraction à la surface de la terre en contact avec l'air, mais à l'intérieur du globe on a été amené à considérer des surfaces de discontinuité, séparant des milieux de propriétés physiques différentes, et où, par suite, les ondes sont réfractées. La réflexion et la réfraction peuvent produire des modifications dans l'état vibratoire, des transformations de P ou S par exemple. La théorie générale et bien connue de la réflexion et de la réfraction des ondes planes rend compte de tous ces faits. Elle établit aisément des relations entre les vitesses de propagation et les angles d'incidence (angles faits par les rayons de propagation avec la normale à la surface d'incidence). Il est commode d'envisager la vitesse V avec laquelle l'onde plane balaie la surface de séparation des deux milieux. Pour le globe ce sera la vitesse de propagation de l'onde à la surface. Soient v la vitesse d'une onde incidente quelconque (longitudinale ou transversale), i l'angle d'incidence; a_1, b_1 les vitesses de propagation d'une onde longitudinale et d'une onde transversale réfléchies dans le milieu, i, i_1, i'_1 les angles d'incidence correspondants; a_2, b_2 les vitesses de propagation, i_2, i'_2 les angles d'incidence pour les mêmes sortes d'ondes dans le deuxième milieu. Les lois de réflexion et de réfraction se résument dans le système de relations bien connues

$$(75) \qquad V = \frac{v}{\sin i} = \frac{a_1}{\sin i_1} = \frac{b_1}{\sin i'_1} = \frac{a_2}{\sin i_2} = \frac{b_2}{\sin i'_2}.$$

De ces relations résulte immédiatement que seules les ondes de même nature peuvent être réfléchies sous un angle égal à l'angle d'incidence,

$$i = i_1 \quad \text{si} \quad v = a_1. \quad i = i'_1 \quad \text{si} \quad v = b_1.$$

La construction du rayon réfléchi correspondant est impossible si une des vitesses v est $> V$, car ce fait se traduit par un sinus supérieur à 1 et l'angle i correspondant devient imaginaire. Dans ce cas, et si l'on suppose les vibrations incidentes sinusoïdales, la théorie mathématique conduit à la considération d'ondes dont l'intensité varie avec la profondeur d'une manière exponentielle : c'est un des modes de formation des ondes de surface à l'intensité variable envisagées par Wiechert (p. 18) [31]. Pour toutes ces raisons il convient d'embrasser l'ensemble du problème de la réflexion des ondes [31].

21. Énumération des phénomènes produits dans la réflexion. — 1° *Onde incidente longitudinale.* — D'après les égalités

$$V = \frac{a}{\sin i} = \frac{a}{\sin i_1} = \frac{b}{\sin i'_1},$$

comme $b < a$, les deux angles i_1 et i'_1 sont réels et il y a deux ondes réfléchies : une longitudinale pour laquelle $i_1 = i$, une transversale pour laquelle

$$\sin i'_1 = \frac{b}{a} \sin i.$$

Les vibrations de l'onde transversale sont dans le plan d'incidence par raison de symétrie.

2° *Onde incidente de distorsion.* — A. Oscillations parallèles au plan d'incidence,

$$V = \frac{b}{\sin i} = \frac{a}{\sin i_1} = \frac{b}{\sin i'_1}.$$

Aussi longtemps que

$$\sin i < \frac{b}{a},$$

i_1 et i'_1 sont réels et il y a deux ondes réfléchies, une longitudinale et une transversale.

Si

$$\sin i > \frac{b}{a} \sin i_1 > 1,$$

i_1 devient imaginaire et il n'y a plus d'onde longitudinale d'intensité uniforme. Mais on peut considérer des ondes complexes dont la nature dépend de celle de l'onde incidente. L'analyse mathématique conduit, dans le cas d'ondes incidentes sinusoïdales, à des ondes de surface à intensité variable de forme exponentielle.

Il y a toujours une onde de distorsion.

B. Oscillations perpendiculaires au plan d'incidence.

Par raison de symétrie, il ne peut y avoir d'onde réfléchie longitudinale. On ne peut avoir qu'une onde de distorsion, avec vibrations transversales.

Étude analytique de la réflexion. — Wiechert a consacré à ce problème, très analogue à la réflexion de la lumière, une importante partie de son mémoire sur les ondes séismiques [31]; dans l'impossibilité de reproduire ici le détail des calculs qui portent tant sur les ondes réelles de compression et de distorsion que sur les ondes superficielles à incidence imaginaire, je me contenterai d'indiquer seulement la marche générale. Elle consiste à calculer les tensions N_3, T_1, T_2 correspondant à l'onde incidente et aux diverses ondes réfléchies, comme si chacun de ces mouvements existait seul. Toutes les formules étant linéaires il est légitime de faire séparément le calcul de ces tensions pour chaque mouvement composant, de les ajouter et d'égaler la somme obtenue à zéro. Pour appliquer commodément les formules (1) et (2), il convient de calculer d'abord les composantes u, v, w de chacun des mouvements dans la surface. Un changement simple de coordonnées permet de passer des mouvements des particules dans les ondes incidentes à leurs projections dans la surface de séparation. On peut alors aisément, mais par un calcul un peu long, obtenir chacune des tensions et exprimer que leur somme est nulle pour la surface, c'est-à-dire pour $z = 0$.

Cette analyse mathématique conduit à un certain nombre de résultats importants au point de vue physique général et aussi pour la pratique de la séismologie, qui seront indiqués ci-dessous.

22. Onde longitudinale à intensité constante. — Soient i l'angle d'incidence et aussi de réflexion de l'onde réfléchie longitudinale; i_b l'angle de réflexion de l'onde transversale, R_a et R_b les coefficients de réflexion, fractions des amplitudes des ondes réfléchies; on est conduit aux expressions

$$(76) \qquad R_a = \frac{\sin 2i - \dfrac{a^2}{b^2}\dfrac{\cos^2 2i_b}{\sin 2i_b}}{\sin 2i - \dfrac{a^2}{b^2}\dfrac{\cos^2 2i_b}{\sin 2i_b}},$$

$$(77) \qquad R_b = -\frac{2\dfrac{a}{b}\cos 2i_b}{\sin 2i - \dfrac{a^2}{b^2}\dfrac{\cos^2 2i_b}{\sin 2i_b}}\frac{\sin 2i}{\sin 2i_b}.$$

Si 1 représente l'intensité de l'onde incidente, l'intensité réfléchie dans l'onde longitudinale est R_a^2 et l'on constate que

$$(78) \qquad 1 - R_a^2 = R_b^2\frac{\sin 2i_b}{\sin 2i}.$$

C'est la perte d'énergie de l'onde longitudinale absorbée par la formation de la transversale. Cette équation (78) pourra être appelée équation de la *conservation de l'énergie*.

Les équations du mouvement résultant des trois ondes dans la surface sont (¹) :

$$(79) \qquad \begin{cases} \bar{u} = -R_b\dfrac{\cos i_b}{\cos 2i_b}\,F\left(t - \dfrac{x\sin i}{a}\right), \\[2mm] -\bar{w} = -R_b\dfrac{1}{2\sin i_b}\,F\left(t - \dfrac{x\sin i}{a}\right), \end{cases}$$

F représente la forme de vibration dans l'onde incidente.

On appelle *angle d'émergence apparent* des ondes longitudinales l'angle dont la tangente est définie par

$$(80) \qquad \frac{\bar{u}}{-\bar{w}} = \tan 2i_b.$$

Ainsi l'*angle d'émergence apparent est égal à $2i_b$ et non à i* comme on le croit à tort.

Pour

$$i = 90°, \qquad \sin i = 1, \qquad \sin i_b = \frac{b}{a},$$

$$\tan(2i_b)_{i=90} = \frac{\bar{u}}{-\bar{w}} = \frac{\sin 2i_b}{\cos 2i_b} = 2\frac{b}{a}\frac{\sqrt{1 - \dfrac{b^2}{a^2}}}{1 - 2\dfrac{b^2}{a^2}},$$

(¹) La barre supérieure est un symbole indiquant que u et w se rapportent à la surface.

comme

$$b^2 = \text{environ } \frac{1}{3}\, a^2, \qquad \tan(2i_b)_{i=90} = 2{,}8\,(2i_b)_{i=90} = \tan. \; 70^\circ \text{ environ}.$$

Ainsi, même sous l'incidence rasante, comme cela a lieu au voisinage d'un foyer, le choc paraît venir de la profondeur du sol sous un angle voisin de 20° par rapport à l'horizon. On voit à quelles erreurs s'exposerait l'observateur qui ignorerait ces conclusions.

L'onde P qui s'est réfléchie en un point donne en résumé naissance, comme on l'a vu page 9, à une onde longitudinale qui sera désignée sous le nom de PR_1. En une station suffisamment éloignée de l'épicentre, cette première onde réfléchie se manifeste par un impetus net. Il peut se produire une deuxième réflexion à la surface de la terre, et l'onde qui arrive en une station après ces deux réflexions est désignée par PR_2. On pourrait préciser davantage qu'il s'agit toujours d'ondes longitudinales en employant les symboles préconisés par quelques personnes : PRP, PRPP.

Mais la réflexion peut donner naissance à une onde transversale, si bien qu'il y a lieu de distinguer encore la phase PRS, puis PRPS, PRSS, etc. (¹).

23. Onde transversale. — A. *Oscillations parallèles au plan d'incidence.*

1° i_a angle de réflexion des ondes longitudinales est réel,

$$\sin i \lesseqgtr \frac{b}{a},$$

l'angle i est faible, inférieur à la valeur limite

$$\sin i = \frac{b}{a}.$$

En suivant la même marche que précédemment, on arrive à l'équation de conservation de l'énergie

$$(81) \qquad 1 - R_b^2 = R_a^2 \frac{\sin 2 i_a}{\sin 2 i}.$$

(¹) Les lecteurs qui ne sont pas familiarisés avec les inscriptions séismographiques et la distinction des phases se reporteront utilement à l'exposé élémentaire de E. Rothé [24].

Les mouvements résultants dans la surface sont :

$$(82)\quad\begin{cases} \overline{u} = \dfrac{R_a \sin 2 i_a}{2 \sin 2 i}\, F\!\left(t - \dfrac{x \sin i}{b}\right), \\[2mm] -\overline{w} = -\dfrac{R_a \cos i_a}{\cos 2 i}\, F\!\left(t - \dfrac{x \sin i}{b}\right), \end{cases}$$

$$(83)\quad \frac{\overline{u}}{-\overline{w}} = \operatorname{tang} i'' = -\frac{\operatorname{tang} i_a}{\operatorname{tang} i}\operatorname{cotang} 2 i.$$

Par analogie avec les ondes longitudinales, c'est l'angle d'émergence apparente, mais *comme il s'agit d'ondes transversales* où la vibration est perpendiculaire à la direction de propagation, le véritable angle d'émergence apparente est

$$i = 90^{\circ} - i''.$$

qui est donné par

$$\frac{\overline{w}}{\overline{u}} = \frac{\operatorname{tang} i}{\operatorname{tang} i_a}\operatorname{tang} 2 i = \frac{\sqrt{\dfrac{b^2}{a^2} - \sin^2 i}}{\cos 2 i}\, 2 \sin i.$$

2° L'angle i_a est imaginaire, $\sin i_a > 1$ et la construction d'Huyghens est en défaut. Pour arriver à des résultats concrets, on admettra que les ondes incidentes sont sinusoïdales. L'onde incidente étant représentée par $u_1 = 0$, $v_1 = 0$

$$(84)\quad w_1 = \Gamma \sin 2\pi\!\left(\frac{t}{T} - \frac{x_1}{\lambda_b}\right),$$

l'onde transversale réfléchie sous l'angle i est représentée par

$$(85)\quad w_1 = \Gamma\left[R_{bs}\sin 2\pi\!\left(\frac{t}{T} - \frac{r_1}{\lambda_b}\right) - R_{bc}\cos 2\pi\!\left(\frac{t}{T} - \frac{x_1}{\lambda_b}\right)\right].$$

Ces deux ondes ne peuvent dans leur ensemble satisfaire aux conditions de surface. Il manque un terme pour parvenir à une somme nulle des tensions.

Ce terme est fourni par l'onde à intensité variable dans laquelle les vibrations sont elliptiques et parallèles au plan de réflexion. Les équations du mouvement sont (§ 10. Chap. II) :

$$(86)\quad\begin{cases} u = \dfrac{\lambda_a}{\lambda}\, e^{-2\pi \frac{z}{\lambda_a}}\, \Gamma\left\{R_{as}\cos 2\pi\!\left(\frac{t}{T} - \frac{x}{\lambda}\right) - R_{ac}\sin 2\pi\!\left(\frac{t}{T} - \frac{x}{\lambda}\right)\right\}, \\[3mm] w = \dfrac{\lambda_a}{Z_a}\, e^{-2\pi \frac{z}{\lambda_a}}\, \Gamma\left\{R_{as}\sin 2\pi\!\left(\frac{t}{T} - \frac{x}{\lambda}\right) + R_{ac}\cos 2\pi\!\left(\frac{t}{T} - \frac{x}{\lambda}\right)\right\}, \end{cases}$$

avec la relation (28).

Les conditions de surface fournissent ici quatre relations parce qu'il y a lieu d'annuler les coefficients des sinus et des cosinus et l'on obtient

$$(87) \quad \begin{cases} R_{as} = -\dfrac{b}{a}\, \mathrm{tang}\, 2\,i\, R_{bc}, \\[2ex] R_{ac} = \mathrm{cotang}\, 2\,i\, \dfrac{\sqrt{-1}}{\cos i_a}\cos i\, R_{bc}, \\[2ex] 1 - R_{bs} = -\sqrt{-1}\; m\, R_{bc}, \\[2ex] 1 + R_{bs} = -\dfrac{1}{\sqrt{-1}\, m}\, R_{bc}, \end{cases}$$

avec

$$m = \frac{\mathrm{tang}\, i_a}{\mathrm{tang}\, i}\, \mathrm{cotang}^2\, 2\,i.$$

Analogie avec la réflexion totale. — Les deux dernières égalités conduisent à

$$1 - R_{bs}^2 = R_{bc}^2.$$

Il en résulte que l'onde réfléchie dont l'amplitude est $\Gamma\sqrt{R_{bs}^2 + R_{bc}^2}$ emporte avec elle l'énergie totale de l'onde incidente. Par comparaison avec l'optique, on dira qu'il y a réflexion totale de l'onde incidente, et le fait que R_{bc} est différent de zéro introduit comme en optique le déphasage.

On peut montrer qu'au point de vue des formules l'amplitude complexe $R_{bs} - \sqrt{-1}\, R_{bc}$ dans le cas de

$$\sin i \geqq \frac{b}{a},$$

prend la place de l'amplitude réelle dans la réflexion partielle.

Un calcul long, bien que simple, conduit aux équations du mouvement dans la surface

$$(88) \quad \begin{cases} \overline{v} = 0, \\[2ex] \overline{u} = \dfrac{a}{2\,b\,\sin i}\, \Gamma\left[\, R_{as}\cos 2\pi\left(\dfrac{t}{T} - \dfrac{x}{\Lambda}\right) \right. \\[3ex] \left. \qquad\qquad - R_{ac}\sin 2\pi\left(\dfrac{t}{T} - \dfrac{x}{\Lambda}\right)\right], \\[3ex] -\overline{w} = -\dfrac{\cos i_a}{\sqrt{-1}\,\cos 2\,i}\, \Gamma\left[\, R_{as}\sin 2\pi\left(\dfrac{t}{T} - \dfrac{x}{\Lambda}\right) \right. \\[3ex] \left. \qquad\qquad + R_{ac}\cos 2\pi\left(\dfrac{t}{T} - \dfrac{x}{\Lambda}\right)\right], \end{cases}$$

qui conduisent à

$$(89) \qquad \frac{\overline{u}^2}{\left(\dfrac{a}{2b\sin i}\,\Gamma\right)^2 (R_{as}^2 - R_{ac})^2} - \frac{\overline{w}^2}{\left(\dfrac{\cos i_a}{\sqrt{-1}\,\cos 2i}\right)^2 (R_{as}^2 - R_{ac}^2)} = 1.$$

C'est l'équation d'une ellipse dont les longueurs des grands axes sont en évidence. Le mouvement dans la surface est donc elliptique.

L'angle d'émergence apparente, en envisageant le mouvement transversal, est

$$(90) \qquad \tan \overline{i} = -\frac{\overline{w}}{\overline{u}} = -\frac{\tan 2i}{\cos i}\sqrt{\sin^2 i - \frac{b^2}{a^2}},$$

$\tan \overline{i}$ a une expression analogue à celle des ondes transversales ordinaires dans le cas de

$$\sin i < \frac{b}{a}.$$

Pour l'incidence rasante $i = 90°$, l'angle d'émergence apparente représente une inclinaison notable vers la surface

$$\tan(90 - i)_{i=90} = \frac{\sqrt{-1}}{2} \tan i_{a\,i=90} = \frac{1}{2}\frac{1}{\sqrt{1 - \dfrac{b^2}{a^2}}}.$$

Comme a^2 est environ trois fois plus grand que b^2 on trouve que pour $i = 90°$, $90° - \overline{i}$ est égal à environ 20°.

Au point de vue pratique il convient de remarquer que des ondes transversales à oscillations parallèles au plan de propagation ne donnent pas toujours naissance à des ondes de condensation; il faut que l'incidence ne dépasse pas une valeur limite. Il y a pourtant des cas où une onde S donnera naissance à des ondes P, d'où les notations SR₁, SR₂, SRP, SRSP, etc... Mais ces phases n'apparaîtront que lorsque les conditions seront remplies.

B. *Oscillations perpendiculaires au plan d'incidence.* — Une onde incidente ne peut donner naissance qu'à une onde réfléchie transversale dont les vibrations sont comme les incidentes parallèles à la surface réfléchissante; l'angle de réflexion est égal à l'angle d'incidence. L'onde réfléchie emportant toute l'énergie, on aura

$$(91)\quad \begin{cases} u_1 = 0, & v_1 = \mathrm{F}\left(t - \dfrac{x_1}{b}\right), & w_1 = 0, \quad \text{(pour l'onde incidente).} \\[2mm] u_1 = 0, & v_1 = q\,\mathrm{F}\left(t - \dfrac{x_1}{b}\right), & w_2 = 0, \quad \text{(pour l'onde réfléchie),} \end{cases}$$

où q peut prendre la valeur $+1$ ou -1, car la seule modification possible peut être un changement de sens de la vibration.

On a toujours

$$N_3 = 0 \quad \text{et} \quad T_1 = 0.$$

Pour la vibration incidente

$$T_2 = -\ b \cos i\, \mathrm{F}'\left(t - \frac{x \sin i}{b}\right),$$

pour la vibration réfléchie

$$T_2 = - q\,b \cos i\, \mathrm{F}'\left(t - \frac{x \sin i}{b}\right),$$

$$(b \cos i - q b \cos i)\,\mathrm{F}'\left(t - \frac{x \sin i}{b}\right) = 0,$$

d'où

$$q = -1.$$

Ainsi l'onde transversale incidente, dont les vibrations sont normales au plan d'incidence, se transforme par réflexion en une onde de même espèce où les vibrations conservent la même direction.

Dans la surface on a

$$\bar{u} = 0, \quad \bar{v} = 2v_1, \quad \bar{w} = 0.$$

Les excursions dans la surface sont donc le double de celles de l'onde incidente.

Pour des ondes S à vibrations perpendiculaires au plan de propagation, la réflexion ne donne pas naissance à des ondes P.

Remarque. — Suivant les cas et pour la commodité des raisonnements, on a considéré des ondes sinusoïdales, au lieu d'envisager une fonction quelconque. Dans le mémoire dont il n'a pu être donné ici qu'un résumé, Wiechert [31] a calculé les conditions à la surface des diverses ondes dont il a été question ci-dessus, ainsi que des ondes superficielles à intensité variable de condensation ou de distorsion. On a vu dans ce paragraphe (A) comment de telles ondes peuvent prendre naissance dans le phénomène de réflexion.

CHAPITRE V.

LA PHASE DES MAXIMUMS SINUSOÏDAUX.

24. Aspect des maximums. — Il y a encore un autre aspect de la phase principale sur lequel il convient de retenir l'attention.

Dans bien des séismogrammes, on aperçoit de très belles séries de maximums sinusoïdaux rappelant à s'y méprendre le phénomène connu des battements fournis par les phénomènes périodiques.

Les maximums de la phase principale ont été très peu étudiés jusqu'ici, bien qu'ils aient toujours intrigué les séismologues, au point que les commissions internationales ont demandé de publier dans les bulletins non seulement leur heure précise en tenant compte du décalage par rapport au mouvement de la terre, mais leur grandeur, dans l'espoir de les suivre de station en station.

Il est pour ainsi dire impossible de réaliser cette analyse progressive : pour des tremblements de terre à épicentre bien connu on trouve des vitesses tout à fait variables et quelconques.

On peut en conclure que si les maximums correspondaient à quelque phénomène bien défini, à une phase spéciale, dans tous les cas sa vitesse de propagation varierait de station en station.

Galitzine [5], dans le dernier mémoire qu'il a publié peu de temps avant sa mort, insiste avec un certain étonnement sur le fait que des maximums très intenses se produisent parfois dans des stations éloignées, alors qu'on ne les voit pas dans des stations plus rapprochées, et il attribuait ce fait au sous-sol de la station considérée, qui d'après lui amènerait des résonances. Des stations à la même distance donnent parfois des résultats très différents.

Jusqu'à présent je n'ai trouvé dans aucun mémoire d'explication cohérente de ces parties maximales de l'inscription. S'agit-il d'une phase particulière, d'une certaine catégorie d'ondes à grande amplitude, prenant naissance au foyer ou à l'épicentre après l'ébranlement initial? C'est peu probable, car l'observation des phénomènes macroséismiques n'indique rien de semblable. Cette phase prendrait-elle naissance au foyer, mais serait-elle douée d'une vitesse très faible puisque ces maximums se produisent en queue vers les courtes périodes de

la phase principale? Faut-il l'attribuer à la station de réception, et
penser qu'elle prend naissance comme *vibration propre de la contrée
de réception*, souvent amplifiée par *résonance*? Enfin le trajet lui-
même n'aurait-il pas quelque influence ou même cette phase prendrait-
elle naissance quelque part sur le trajet? D'après la théorie, d'après
les idées des physiciens que j'ai résumées ci-dessus, ces différentes
hypothèses sont acceptables.

Je me suis posé cette question depuis plusieurs années déjà et j'en
ai cherché une solution : il m'a semblé dès l'origine — et cela a été
le point de départ de mes recherches — que la situation géographique
du foyer avait une influence prépondérante sur les formes des inscriptions obtenues en une station déterminée; cet aspect change d'ailleurs
avec la station. Mais dans un observatoire déterminé, Strasbourg par
exemple, on peut avec quelque habitude distinguer les unes des autres
les inscriptions des séismes provenant des Kouriles, de l'Asie Centrale,
de l'Islande, etc., et cela indépendamment des différences de temps,
par la forme même des inscriptions. Ce sont des résultats qu'il y
aurait lieu d'approfondir et qui me paraissent très importants pour
l'avenir de la géographie physique en liaison avec la séismologie.

Une étude complète est particulièrement complexe, parce qu'il est
nécessaire de décomposer puis de recomposer les vibrations, et de
représenter matériellement dans l'espace les vibrations des particules d'une région déterminée. C'est un long travail, qui exigera
encore bien des années. En attendant qu'il puisse être exécuté et
pour faire comprendre ma conception des maximums, j'ai voulu me
placer dans un cas simple, prendre la composante verticale qui, elle,
ne dépend pas du plan de polarisation mais uniquement de l'angle
de la vibration avec le plan horizontal. En somme, j'ai abordé [26]
une solution provisoire en considérant isolément la composante verticale.

Lorsqu'on examine une inscription fournie par un instrument vertical, on est immédiatement frappé par la différence d'aspect qu'elle
présente avec les horizontaux, et il ne s'agit pas ici de différences de
périodes de grandissement ou d'amortissement. Le plus souvent,
sauf dans quelques cas exceptionnels comme celui de l'Islande où les
impulsions P et S surtout correspondent à de fortes amplitudes verticales, les inscriptions sont très faibles jusqu'après l'arrivée des longues
ondes. Mais alors commencent ces séries de maximums plus ou moins

espacés rappelant des battements. Ces maximums ne coïncidant pas
forcément avec ceux des composantes horizontales, il semble qu'il y
ait dans le faisceau complexe des ondes Rayleigh certaines ondes
spéciales à composante verticale exagérée, auxquelles, pour abréger,
on peut donner le nom d'ondes V.   .

Étudier ces maximums verticaux d'ondes, relever leurs périodes,
leur vitesse apparente de propagation, vitesse fictive avec laquelle se
serait propagée une phase véritable depuis l'épicentre et depuis
l'heure origine, établir des relations entre ces données et la situation
géographique, c'est là un travail objectif et statistique indépendant
de toute hypothèse et de toute conception théorique, qui a été exécuté pour de très nombreux séismogrammes des provenances les plus
diverses. La conclusion de ce travail est que des séries de battements
à périodes plus courtes que celles des longues ondes apparaissent
avec des vitesses qui n'atteignent jamais celles des longues ondes.
C'est là une confirmation de faits connus. Mais on constate aussi, et
c'est là le point capital, que les vitesses correspondant aux divers
trains ne sont pas constantes, même pour les séismes de la même
région. Si l'aspect général est le même, l'étude quantitative accuse
des différences marquées. Si le « maximum maximorum », la phase
maximale, correspondait à une phase véritable, par exemple à une
ondulation de grande amplitude, se propageant avec une faible
vitesse, ou à une phase se propageant avec la vitesse b par exemple,
mais prenant naissance quelque temps après le choc primitif, on
devrait pouvoir mettre en évidence une vitesse réelle de propagation,
la même ou à peu près quelle que soit la région épicentrale. En tout
cas pour un même épicentre elle devrait apparaître avec le même
intervalle de temps, car s'il y avait retard, ce retard devrait être
constant. Les nombreux dépouillements effectués dans cette voie ont
conduit à un résultat négatif. Il y a donc une contradiction, bien que
les écarts autour d'une vitesse moyenne de propagation ne soient
pas très grands, et qu'on eût pu les attribuer peut-être à des différences de profondeur du foyer : une autre explication me paraît plus
plausible.

Il est clair qu'on pourrait appliquer à l'étude des maximums l'analyse harmonique ou tel autre procédé ([1]). Mais on peut aussi avoir

----

([1]) Voir le fascicule Labrouste à paraître dans la même collection.

recours à une métode de synthèse en utilisant l'instrument de synthèse de mouvements vibratoires que j'ai fait construire [27]. Quelle que soit la méthode, on constate qu'il n'y a aucune impossibilité à admettre que les maximums soient dus à l'interférence d'un certain nombre de mouvements vibratoires.

En résumé, les belles ondes sinusoïdales des inscriptions verticales peuvent être attribuées à des ondes à composante verticale genre Rayleigh, que, pour les distinguer, on désignerait par V et qui se propageraient avec une vitesse de l'ordre de 3^{km}.

25. Hypothèse sur l'origine des maximums. — Quelle est maintenant l'origine de ces ondes multiples? Tout d'abord je rappellerai que d'après les idées de Wiechert les ondes superficielles prennent naissance dans la région épicentrale, par un phénomène non plus primaire, mais secondaire. Dans un tremblement qui s'étend au loin (the large Earthquakes) on peut admettre une région épicentrale étendue, donc plusieurs couches qui entreraient en vibrations avec leur période propre à quelques kilomètres l'une de l'autre.

D'autre part l'existence du magma et la théorie de l'isostasie conduisent à penser que la surface inférieure de la lithosphère n'est pas régulière, qu'elle présente forcément des cavités et des proéminences, autrement dit des régions où les matières sont dans un état semi-fluide que nous connaissons fort mal. Mais ces régions sont susceptibles d'entrer en vibration *secondairement* avec des périodes propres. Un ébranlement interne dans l'écorce ou telle autre couche du globe communiquera à ces régions irrégulières des chocs qui les feront entrer en vibration sous forme d'ondes superficielles ou d'ondes Rayleigh; car admettre le magma, c'est admettre, comme l'a dit Wiechert et comme le pense aussi Love, certains degrés de liberté de la face inférieure de l'écorce. Peut-être même y a-t-il des ondes superficielles le long du magma, comme le long de la surface supérieure de la terre, et de là aussi une distinction à établir entre des ondes de vitesse différente. Si l'on joint à ce que je viens de dire l'hypothèse de Wegener [29] et l'existence d'un Sial sur le Sima on sera conduit à admettre non pas une lame mais deux au moins superposées surmontant le magma, et l'on ne sera plus étonné de la complexité des ondes de la phase principale.

Indépendamment de l'hypothèse du Sial mobile, on simplifie sin-

gulièrement l'hétérogénéité de la terre en la supposant divisée en
deux couches superposées formées, l'une de roches acides, les granites, l'autre de roches basiques, les basaltes, considération appliquée
par Wrinck et Jeffreys [32] à l'occasion de l'explosion d'Oppau.

CHAPITRE VI.

LES ONDES A VIBRATIONS TRANSVERSALES DE LA PHASE PRINCIPALE.
ONDES DE LOVE.

26. Manière d'envisager ces ondes. — Les ondes transversales de
la phase introductrice des grandes ondes sont attribuées à une propagation à travers l'écorce *sans que le mouvement puisse pénétrer
profondément dans la partie interne sous-jacente*; caractère con-
venant bien à des ondes qui se propagent sous deux dimensions seulement. Le mérite de Love [14] consiste à avoir précisé, par le calcul,
les vues intuitives de Wiechert au sujet de l'écorce. Pour aborder
mathématiquement la question, il fallait appliquer la méthode de Rayleigh à l'ensemble de deux milieux superposés dont l'un est une
couche d'épaisseur E limitée, l'autre un milieu indéfini en profondeur.
Les notations sont les mêmes que dans les chapitres précédents :
soient μ, μ', ρ, ρ' les rigidités et les densités des deux milieux. Les
composantes u et w du mouvement étant nulles, il ne subsiste que v
supposé fonction harmonique simple de $fx - pt$.

L'équation différentielle se réduit à

$$\frac{d^2 v}{dt^2} = b^2 \Delta v.$$

On distinguera deux cas suivant que

$$p\sqrt{\frac{\rho}{\mu}} > f$$

ou

$$p\sqrt{\frac{\rho}{\mu}} < f,$$

ce qui revient à dire que $V > b$ ou $V < b$.

Premier cas. — On pose

$$q = \frac{2\pi}{Z_b}, \qquad \frac{1}{\Lambda^2} + \frac{1}{Z_b^2} = \frac{1}{\lambda_b^2} \cdot$$

La solution peut être mise sous la forme

$$(92) \qquad \varphi = (\mathrm{A}\cos qz + \mathrm{B}\sin qz)\cos(fx - pt - \varphi),$$

c'est la forme des ondes de couche.

Pour la matière sous-jacente

$$q' = \frac{2\pi}{Z_h}, \qquad \frac{1}{\Lambda^2} - \frac{1}{Z_b^2} = \frac{1}{\lambda_b^2},$$

et

$$(93) \qquad \varphi = \mathrm{C}\,e^{q'z}\cos(fx - pt + \varphi).$$

On choisit ici comme sens positif des z celui qui va vers l'extérieur du globe.

Il faut, pour que le mouvement ne pénètre pas profondément à l'intérieur, que q' soit > 0.

Il y a ensuite plusieurs conditions à exprimer :

1° Une condition de *continuité* des tensions sur la surface inférieure de l'écorce $z = 0$, ce qui conduit aux relations

$$\mathrm{C} = \mathrm{A}, \qquad \text{et} \qquad \mu \mathrm{B} q = \mu' \mathrm{C} q';$$

2° La condition de liberté de la surface supérieure $z = \mathrm{E}$ qui donne

$$- \mathrm{A}\sin q\mathrm{E} + \mathrm{B}\cos q\mathrm{E} = 0.$$

L'élimination de ABC conduit à la relation

$$(94) \qquad \operatorname{tang} q\mathrm{E} = \frac{\mu' q'}{\mu q}.$$

D'ailleurs q et q' sont liés par la relation

$$(95) \qquad q'^2 = f^2\left(1 - \frac{b^2}{b'^2}\right) - \frac{b^2}{b'^2}q^2.$$

$b = \sqrt{\dfrac{\mu}{\rho}}$, $b' = \sqrt{\dfrac{\mu'}{\rho'}}$, vitesses de propagation des ondes de distorsion dans les deux milieux.

q' ne sera réel que si le second membre de cette relation est > 0.

Le résultat principal de Love est *d'assigner un ordre de grandeur à b' par rapport à b.* Pour que q' soit réel il faut que b' soit $> b$, et alors on peut montrer qu'à toute valeur de f correspond une valeur de q satisfaisant à l'égalité

$$(96) \qquad \operatorname{tang} q\,\mathrm{E} = \frac{\mu'}{\mu}\left[\frac{f^2}{q^2}\left(1 - \frac{b^2}{b'^2}\right) - \frac{b^2}{b'^2}\right]^{\frac{1}{2}}.$$

Pour que les solutions données par les deux valeurs de v (92, 93) représentent un mouvement ne pénétrant pas profondément à l'intérieur, il ne suffit pas que q' soit > 0, mais que $q'\mathrm{E}$ prenne une valeur importante. En traversant la surface de séparation et s'étendant à une quantité égale à l'épaisseur E, le mouvement diminue d'amplitude dans le rapport $\frac{e^{-q'\mathrm{E}}}{1}$. Si $q'\mathrm{E}$ est grand, ce rapport est petit, pour une longueur d'onde déterminée, si bien que dans la pratique on peut admettre que le mouvement, pour cette longueur d'onde, est confiné dans la couche et les ondes divergent bien suivant deux dimensions seulement.

Les conditions favorables à la petitesse de $e^{-q'\mathrm{E}}$ sont : 1° que le rapport $\frac{b^2}{b'^2}$ soit nettement < 1 ; 2° que la longueur d'onde soit courte par rapport à l'épaisseur E de la couche.

Sans faire de discussion, on peut s'en rendre compte suivant une méthode anglaise, par le tableau ci-dessous où l'on a inscrit des valeurs approchées de $e^{-q'\mathrm{E}}$ pour les valeurs 4, 1 et $\frac{1}{4}$ du rapport $\frac{\Lambda}{\mathrm{E}}$ et pour diverses valeurs du rapport $\frac{\mu}{\mu'}$, des rigidités.

$\dfrac{\mu}{\mu'}\Big/\dfrac{\Lambda}{\mathrm{E}}.$	4.	1.	$\dfrac{1}{4}.$
$\dfrac{9}{10}$	0.805	0,180	0,0004
$\dfrac{1}{2}$	0.431	0,013	2,10^{-8}
$\dfrac{1}{3}$	0,341	0,006	1,10^{-9}

Remarque I. — Love a également envisagé le cas où $\frac{p}{b_1}$ serait grand, auquel cas $q^2 = \frac{p^2 \rho}{\mu} - \frac{4\pi^2}{\Lambda^2}$ le serait aussi. $z_b = \frac{2\pi}{q}$ serait petit, ce qui veut dire qu'il y aurait dans l'intérieur de la couche des nœuds et des ventres. Ce cas correspondrait à des ondes se propageant plus rapidement que celles considérées jusqu'ici. Les valeurs envisagées pour q étant plus grandes que pour les ondes étudiées précédemment (sans plans nodaux horizontaux), les valeurs correspondantes de q' sont au contraire plus petites que pour le type précédent, comme le fait voir l'équation (95). Et ainsi, pour n'importe quelle longueur d'onde, des ondes de ce type pénétreraient plus librement en profondeur dans le milieu sous-jacent. Mais ces ondes ne paraissent pas jouer un rôle important au point de vue séismologique.

Remarque II. — Love a tenté d'expliquer le fait que les ondes de la phase principale ont une période décroissante, fait sur lequel l'attention n'a pas été appelée encore dans cet ouvrage. S'appuyant sur ce que le choc principal est nettement oscillatoire, il se laisse guider par l'analogie de la théorie des ondes en eau profonde : il n'y a pas uniquement passage à la surface (au moment du choc tout au moins) d'un long train d'ondes harmoniques simples ayant une longueur d'onde et une période constantes, mais un mouvement réel complexe que l'on peut *analyser* en un ensemble de trains d'ondes harmoniques simples, chacun d'eux se propageant avec une vitesse de propagation correspondant à sa longueur d'onde, c'est-à-dire soumis à la *dispersion*, trains n'ayant pas d'ailleurs de réalité physique.

Les périodes apparentes observées à différents stades ne seraient ainsi que des intervalles de temps séparant les instants où les mouvements atteignent un maximum dans une direction déterminée, intervalles variables, puisque les ondes *dispersées* composantes ont elles-mêmes des vitesses variables de propagation.

Deuxième cas :

$$p\sqrt{\frac{\rho}{\mu}} < f.$$

Dans ce cas on est amené à remplacer les cosinus et sinus par des cosinus et sinus hyperboliques dans l'expression de v relative à la couche

$$(97) \qquad v = (A\cos hqz - B\sin hqz)\cos(fx - pt + \varphi),$$

$$(98) \qquad q^2 = f^2 - p^2\frac{\rho}{\mu}.$$

Les autres équations restant les mêmes, les conclusions des conditions de continuité et de liberté se retrouvent :

$$A = C, \qquad \mu Bq = \mu'Cq'. \qquad A\sin hq E + B\cos hq E = 0.$$

d'où

$$\mu q \tan hq T + \mu'q' = 0.$$

Il est nécessaire que $q' > 0$ pour que cette dernière équation admette une solution.

De là et des conditions exprimées précédemment il résulte que b' doit nécessairement être $> b$ pour que les ondes transversales soient transmises à travers l'écorce sans pénétrer dans la couche sousjacente.

Tel est le pas qu'a fait faire le travail de Love : amener le séismologue à une nécessité physique par l'analyse mathématique de la question. C'est pourquoi on désigne souvent les ondes à composantes transversales de la phase principale sans composante verticale sous le nom d'ondes de Love.

On ne peut donc désormais, pour expliquer les ondes genre Love, se contenter d'une approximation physique consistant à attribuer au magma une rigidité suffisante pour la transmission de vibrations transversales. Le calcul a conduit à une autre interprétation : $\dfrac{\mu'}{\rho} > \dfrac{\mu}{\rho}$.

27. Complications introduites dans la théorie par la présence de l'écorce. — L'influence de l'écorce est importante sur la transmission des ondes Rayleigh à déplacement vertical et horizontal parallèle à la direction de propagation, qui n'ont été étudiées jusqu'ici que dans le cas d'un solide homogène. Love [14] a abordé le problème en supposant qu'on fait abstraction de la gravité. Bromwich [1] a envisagé la gravité pour une couche d'épaisseur faible par rapport à la longueur d'onde.

Love envisage une longueur d'onde de l'ordre de l'épaisseur ou faible par rapport à elle.

La marche suivie est celle de Rayleigh, mais la théorie est compliquée par l'existence de deux milieux qui se traduit dans les équations du mouvement par l'introduction d'une pression hydrostatique, fonction harmonique simple comme u et v de l'expression $fx - pt$.

La complication du calcul oblige à envisager divers cas particuliers : 1° $\mu' > \mu$ mais $\rho = \rho'$; 2° $\mu' > \mu$, $\rho' > \rho$, mais $\dfrac{\mu'}{\mu} = \dfrac{\rho'}{\rho}$, c'est-à-dire que les vitesses de propagation des ondes de distorsion sont à peu près les mêmes dans les deux milieux. Sans reproduire ici ce calcul, j'indiquerai seulement que l'on retrouve d'une manière générale les propriétés caractéristiques des ondes de Rayleigh qu'on appellera, par opposition à celles-ci, les ondes simples de Rayleigh. Ainsi dans un exemple numérique où la rigidité du milieu inférieur est un peu plus grande que celle de l'écorce, où la longueur d'onde est un peu plus grande que l'épaisseur de la couche, la vitesse des ondes de Rayleigh

de seconde espèce ne diffère guère de celle des ondes simples que de
1 pour 100 environ. On trouve aussi dans la théorie ainsi compliquée
que le rapport des amplitudes des déplacements verticaux et horizontaux est presque égal à deux.

Lorsque les rigidités et les densités diffèrent dans les deux milieux,
mais que les vitesses des ondes ordinaires de distorsion y sont les
mêmes, la vitesse des ondes de Rayleigh de seconde espèce doit être
intermédiaire entre celle des ondes de distorsion et celle des ondes
Rayleigh simples.

En résumé, on peut dire qu'il existe un type d'ondes superficielles
ayant en commun avec les ondes de Rayleigh simples le fait qu'elles
ont une composante verticale et une composante horizontale parallèle à la direction de propagation, l'amplitude du mouvement vertical
dépassant celle du mouvement horizontal. Les conditions nécessaires
à leur existence sont : 1° que le globe soit recouvert d'une mince
écorce de densité et de rigidité différentes du milieu sous-jacent;
2° que la vitesse des ondes de distorsion ordinaires dans la couche
soit à peu près égale à celle de ces mêmes ondes dans le reste du corps.
Leur vitesse n'est pas très différente de celle des ondes de distorsion
simples dans l'écorce, elle est très inférieure à celle des ondes S à l'intérieur du globe. L'auteur de ce mémoire leur a attribué une vitesse
voisine de 3^{km} à $3^{km},5$ par seconde.

L'étude de la propagation des ondes met nettement en évidence les
avantages de la physique mathématique en séismologie et les importants progrès qu'elle a entraînés dans la connaissance des propriétés
internes du globe.

INDEX BIBLIOGRAPHIQUE.

1. Bromwich (T. J. I. A.). — Influence of Gravity on Elastic Waves, and,
   in particular, on the Vibrations of an Elastic Globe (*Proc. of the London
   Math. Soc.*, XXX Nov. 1898 to March 1899, p. 98).
2. Darwin (G. H.). — On Variations in the Vertical due to Elasticity of the
   Earth's Surface (*Philosophical Magazine and Journal of Science*, XIV,
   July-December 1882, p. 409).
   — *Cambr. Math. Trip. Ex.*, Jan. 20, 1875, Question IV.

3. Galitzine (Prince B.). — Ouvrage en langue russe (Saint-Pétersbourg, 1912). — Vorle-sungen über Seismometrie, Deutsche Bearbeitung von O. Hecker (Leipzig und Berlin, B. G. Teubner, 1914). — Conferencias sobre Sismometria, traducidas de la adaptacion alemana de O. Hecker por los Ingenieros Geografos Vicente Inglada Ors, José Garcia Sineriz y Wenceslao del Castillo (Madrid, 1921).

4. — Ueber die Dispersion und Dämpfung der seismischen Oberflächenwellen (*Bulletin de l'Académie Impériale des Sciences de Saint-Pétersbourg*, 6ᵉ série, 1912, p. 219-236).

5. — Étude comparative du mouvement du sol dans la phase principale d'un tremblement de terre (octobre 1914) (*Académie Impériale des Sciences, Comptes rendus des séances de la Commission Sismique permanente*, VII, livraison 1, Petrograd, 1915, p. 1-30).

6. Geiger (L.) und Gutenberg (B.). — Ueber Erdbebenwellen: VI. Konstitution des Erdinnern, erschlossen aus der Intensität longitudinaler und trans- versaler Erdbebenwellen, und einige Beobachtungen an den Vorläufern (*Nachrichten von der Königlichen Gesellschaft der Wissenschaften zu Göttingen, Mathematisch-physikalische Klasse*, aus dem Jahre 1912, Berlin, 1912, p. 623-675).

7. Gutenberg (B.). — Ueber Erdbebenwellen. VII A. Beobachtungen an Registrierungen von Fernbeben in Göttingen und Folgerungen über die Konstitution des Erdkörpers (mit Tafel) (*Ibid.*, aus dem Jahre 1914, Berlin, 1914, p. 125-176).

— Die Geschwindigkeit der Erdbeben-Wellen in den obersten Erdschichten und ihr Einfluss aud die Ergebnisse einiger Probleme der Seismometrie (*Gerlands Beiträge zur Geophysik*, Herausgegeben von V. Conrad Wien, XV, p. 51-63, Leipzig, 1926).

— Untersuchungen zur Frage bis zu welcher Tiefe die Erde kristallin ist (*Zeitschrift für Geophysik*, II. Jahrgang, 1926, Braunschweig, 1926, p. 24-29).

— Lehrbuch der Geophysik, Abschnitt VII, Kapitel 27, p. 240-271 (Borntraeger, Berlin, 1926).

8. Imamura (A.). — A long Period Horizontal Pendulum (*Proc. of the Imperial Academy*, II, 9, November 1927, Tokyo, p. 489-491).

9. Knott (C. G.). — The Physics of Earthquake Phenomena (At the Clarendon Press, Oxford, 1908).

10. Lamb (H). — On the Vibrations of an Elastic Sphere (*Proc. of the London Mathematical Society*, XIII, Nov. 1881 to Nov. 1882, p. 189).

11. — The Propagation of Tremors over the Surface of an Elastic Solid (*Phil. Trans. of the Royal Society*, 203, 19-4).

— On Wave propagation in two dimensions (*Proc. of the London Math. Soc.*, XXV, 1903).

12. Lecornu (L.). — Théorie mathématique de l'élasticité (*Mémorial des Sciences mathématiques*, Directeur : H. Villat. Gauthier-Villars, Paris).

13. Love (A. E. H.). — Treatise on the Mathematical Theory of Elasticity

(Cambridge University Press, Feb. 1906). — Lehrbuch der Elastizität, Autorisierte Deutsche Ausgabe, unter Mitwirkung des Verfassers, besorgt von Aloys Timpe (B. G. Teubner, Leipzig, und Berlin, 1907).

14. — Some Problems of Geodynamics (plus particulièrement le Chapitre XI, p. 114-178) (At the University Press, Cambridge, 1911).

15. MALLET (R.). — On the Dynamics of Earthquakes, being an attempt to reduce their observed phenomena to the known laws of wave motion in solids and fluids, 1846 (*Irish Acad. Trans.*, XXI, 1848, p. 50-106).

16. MILNE (G. J). — Experiments on the Elasticity of Crystals (*Min. Mag.*, III, p. 178-185).
— On the Elasticity and Strength Constants of Japanese Rocks (*Quart. Journ. Geol. Soc.*, XXXIX, p. 139-141).
— Seismic Experiments (*Trans. Seism. Soc. Japan*, VIII, p. 1-82).
(*Voir* aussi : The Seismological Work of John Milne, by Comte Montessus de Ballore (*Bull. of the Seismological Society of America*, IV Number 1, March 1914, p. 1-24).

17. MOHOROVICIC (A.). — Das Beben vom 8. X. 1909 (Jahrbuch des Meteorologischen Observatoriums in Zagreb für das Jahr 1909, Zagreb, 1910).

18. MOHOROVICIC (Tables de A). — Hodographes des ondes P normales, P et S soulignées (P_n, $\overline{P}$, $\overline{S}$) et des deux premières réflexions pour les profondeurs de l'hypocentre de 0, 25, 45, 57^{km}. Introduction de E. Rothé (*Publications du Bureau Central séismologique international, Travaux Scientifiques*, série A, fascicule 3. Presses Universitaires, Paris).

19. OLDHAM (R. D.). — On the Propagation of Earthquake Motion in great distances (*Phil. Trans. of the R. Soc.*, 194, 1900).

20. — The Constitution of the Interior of the Earth, as revealed by Earthquakes (*Quart. J. Geol. Soc.*, London, LXII, 1906, p. 456-473; LXIII, 1907, p. 344-350).

21. PERREY (A.). — Propositions sur les tremblements de terre et les volcans... adressées à M. Lamé, le 24 octobre 1859 (Mallet Bachelier, Paris, 1863), envoyé à l'Académie le 8 avril 1861 (*Comptes rendus*, LII, 1861, p 704).
(*Voir* aussi : Alexis Perrey (1807-1882), par E. Rothé et H. Codron (*Mémoires de l'Académie des Sciences, Arts et Belles-Lettres de Dijon*, 1924, p. 169).

22. POISSON (S. D.). — Mémoire sur la propagation du mouvement dans les milieux élastiques (*Mémoires de l'Académie des Sciences*, X, Paris, 1831).

23. RAYLEIGH (Lord). — On Waves propagated along the plane surface of an Elastic Solid (*Proc. Math. Soc.*, XVII, 1887, London, *Reprinted in Scientific Papers*, II, p. 441).

24. ROTHÉ (E.). — Le tremblement de terre (Paris, F. Alcan, 1925).

25. — Sur la propagation des ondes séismiques au voisinage de l'épicentre, préliminaires continues et trajets à réfraction. Ondes P et $\overline{P}$, exposé, d'après les travaux de A. Mohorovicic (*Publications du Bureau Central séismologique international, Travaux Scientifiques*, série A, p. 17-59. Toulouse, Privat, 1924).

26. — Sur la production des maximums dans les inscriptions séismogra-graphiques. Cas des épicentres océaniques (Note présentée au Congrès Pan-Pacifique de 1926).

27. Rothé (E.) et Rémy (A.). — Appareil de synthèse de mouvements périodiques (*Publications du Bureau Central séismologique international, Travaux Scientifiques*, série A, fascicule 4, p. 98-118. Presses Universitaires, Paris. 1927); *Id.* (Extrait de *Le Journal de Physique et le Radium*, juillet 1926, 6e série, VII, n° 7, p. 193-199).

28. Stokes (G. G.). — On the dynamical theory of diffraction (*Trans. Phil. Soc.*, IX, 1849); réimprimé dans *Stoke's Math. and Phys. Papers*, II, p. 243).

29. Suess (E.). — Das Antlitz der Erde (Wien-Prag-Leipzig, Tempsky-Freytag, 1888). — Traduction française : *La face de la Terre*, traduit avec l'autorisation de l'auteur et annoté sous la direction de Emm. de Margerie (Paris, A. Colin, 1905).

30. Wegener (A.). — Die Entstehung der Kontinente und Ozeane (Braunschweig, 1915). — *La Genèse des Continents et des Océans*, traduit sur la troisième édition allemande, par M. Reichel (Paris, Blanchard, 1924).

31. Wiechert (E.) und Zoeppritz (K.). — Ueber Erdbebenwellen : I. Theoretisches über die Ausbreitung der Erdbebenwellen, von E. Wiechert; II. Laufzeitkurven, von K. Zoeppritz (*Nachrichten von der Königlichen Gesellschaft der Wissenschaften zu Göttingen, Mathematisch-physikalische Klasse*, aus dem Jahre 1907, Berlin, 1907, p. 415-549).

32. Wrinck (D.) and Jeffreys (H.). — On the Seismic Waves from the Oppau explosion of 1921, Sept. 21 (*Monthly Notices of the Royal Astronomical Society, Geophysical Supplement*, I, n° 2).

33. Zoeppritz (K.) und Geiger (L.). — Ueber Erdbebenwellen: III. Berechnung von Weg und Geschwindigkeit der Vorläufer. Die Poissonsche Konstante im Erdinnern (*Nachrichten der Königlichen Gesellschaft der Wissenschaften zu Göttingen, Mathematisch-physikalische Klasse*, 1909, Berlin, 1909, p. 401-428).

34. Zoeppritz (K.), Geiger (L.) und Gutenberg (B.). — Ueber Erdbebenwellen : V. Konstitution des Erdinnern, erschlossen aus dem Bodenverrückungsverhältnis der einmal reflektierten zu den direkten longitudinalen Erdbebenwellen, und einige andere Beobachtungen über Erdbebenwellen (*Ibid.,* 1912, p. 121-206).

TABLE DES MATIÈRES.

87720-30   Paris. — Imp. Gauthier-Villars et Cⁱᵉ, 55, quai des Grands-Augustins.

CONFÉRENCES-RAPPORTS DE DOCUMENTATION

SUR LA PHYSIQUE

Organisées avec le patronage du *Collège de France, du Muséum d'Histoire naturelle, de la Faculté des Sciences de Paris, de la Direction des recherches et inventions de l'Institut d'Optique, de la Société française de Physique. de la Société de Chimie-Physique, de la Société française des Électriciens, de la Société de Navigation aérienne.*

SOUS PRESSE :

MÉMORIAL DES SCIENCES PHYSIQUES

DIRECTEURS :

Henri VILLAT et Jean VILLEY

Nouvelle collection publiée sous le haut patronage :

de l'Académie des Sciences de Paris
des Académies de Belgrade, Bruxelles, Bucarest, Coïmbre
Cracovie, Kiew, Madrid, Prague, Rome
Stockholm (fondation Mittag-Leffler), etc., etc.

avec la collaboration de nombreux savants.

L'accueil rencontré auprès du public scientifique par le *Mémorial des Sciences mathématiques* a conduit à prolonger cette Collection par la création d'un MÉMORIAL DES SCIENCES PHYSIQUES, conçu suivant les mêmes principes et dont les fascicules paraissent depuis janvier 1928.

Chaque fascicule, d'une soixantaine de pages environ, renferme l'exposé, aussi clair et condensé que possible, d'une question précise et bien délimitée ; c'est une sorte de mise au point d'un problème, ou d'une catégorie de problèmes à l'ordre du jour.

Volumes in-8 raisin (25×16) se vendant séparément 15 francs

Fascicules parus :

Fasc.
1. *L. de Broglie.* — La Mécanique ondulatoire.
2. *A. de Gramont.* — La Télémétrie monostatique.
3. *G. Moreau.* — Propriétés électriques et magnétiques des flammes.
4. *F.-H. Van den Dungen.* — Les Théories générales de la technique des vibrations.
5. *J. Barbaudy.* — Les Bases physico-chimiques de la distillation.
6. *F. Bedeau.* — Le Quartz piézo-électrique et ses applications dans la technique des oscillations hertziennes.
7. *E. Aubel et A. Genevois.* — L'État actuel de la question des ferments.
8. *René Dubrisay.* — Applications de la mesure des tensions superficielles à l'analyse chimique.
9. *G. Ribaud.* — Le rayonnement des corps non noirs.
10. *Mesnager.* — Détermination expérimentale des efforts intérieurs dans les solides.

Nombreux fascicules en préparation. — Consulter la Notice spéciale